Où Sont-Ils?

Steven Lazaroff & Mark Rodger

Première impression, 2018

ISBN 978-1-7752921-7-3
Rodger & Laz Publishing
www.rodgerlaz.com

Première impression
14 13 12 11 10 / 10 9 8 7 6 5 4 3 2 1

Table des Matières

REMERCIEMENTS

Nous aimerions remercier plusieurs personnes.

D'abord et avant tout à nos proches, qui nous ont soutenus durant le processus de ce projet. Nous sommes conscients que l'effort consacré à ce projet nous a enlevé le temps que nous aurions pu passer avec vous deux.

Nous voulons remercier nos lecteurs bêta, les blogueurs et les amis qui ont pris le temps de réviser ce travail et de nous aider avec leurs pensées et leurs critiques constructives. La liste de noms est bien trop longue pour tous vous nommer.

Nous aimerions particulièrement remercier John pour votre aide sur ce livre. On est éternellement reconnaissants. Nous tenons également à remercier Marco Lambert et Daniel Lefaivre pour le montage de la version française.

Introduction

Voici trois propositions:

- 100 millions de planètes dispersées dans les galaxies à travers l'univers hébergent la vie, l'ont fait dans le passé, ou le feront à un moment donné dans le futur.

- Il existe des formes de vie sur une autre planète. Elle est si loin de nous que nous ne serons jamais en mesure de communiquer avec elle, et encore moins de la visiter. Quelle forme a cette vie? Est-elle intelligente? Si oui, nous ressemble-t-elle ou est-elle différente au point que nous serions horrifiés de simplement la regarder? Nous ne le savons pas, et nous ne le saurons jamais.

- Il n'existe pas de vie sur d'autres planètes que la Terre; il n'y en a jamais eu et il n'y en aura jamais. Nous sommes en train de tournoyer seuls dans l'univers. Quand la Terre atteindra l'inévitable fin de son existence, la vie aura été éteinte, partout et pour toujours.

Parmi ces trois possibilités, nous n'avons aucune idée de laquelle, s'il y en a une, est correcte. Pas étonnant alors que la recherche de la vie sur d'autres planètes et la spéculation qu'elle suscite fascine tant de personnes! Nous avons cherché, cherché et cherché et nous n'en avons trouvé aucune trace.

Cela signifie-t-il qu'il n'y a rien à découvrir ou plutôt que nous ne cherchons pas de la bonne façon, ou au bon endroit? Nous ne disposons peut-être pas encore des technologies requises pour mener une recherche efficace? Si la vie - une vie intelligente - existe ailleurs, où est-elle? Pourquoi ne l'avons-nous pas trouvée, et pourquoi ne nous a-t-elle pas trouvés?

Comment être sûrs qu'elle ne nous a pas trouvées? Beaucoup de personnes croient que c'est le cas et que nous ne nous en sommes tout simplement pas rendu compte, soit parce qu'elle est cachée, soit parce que nous ne savons pas ce qu'il faut chercher.

Deux autres propositions:

- Il y a de la vie ailleurs dans l'univers, mais elle n'a pas encore atteint notre stade de développement. Une civilisation s'est développée uniquement sur la Terre.

- Notre civilisation est bien insignifiante, comparée aux autres qui existent déjà. Il est vrai qu'il existe des planètes sur lesquelles la vie intelligente demeure encore dans des cavernes, allumant des feux pour éloigner les animaux maraudeurs, mais il y en a d'autres qui sont plus avancées que la nôtre d'un demi-million d'années voire plus encore. Ils possèdent des technologies, des sources d'énergie, des matériaux, des canaux de communication et tant d'autres choses dont nous n'osons même pas rêver.

La première de ces deux propositions, qui voudrait donc qu'elle soit vraie? Imaginez-vous dans une quincaillerie le samedi matin en train d'observer les bricoleurs en sortir avec leurs outils et le matériel nécessaire pour les travaux du week-end. Serait-ce vraiment exaltant de penser qu'il s'agit là de la plus haute forme de civilisation qui existe dans l'univers tout entier? Ne serait-ce pas plutôt déprimant?

Passez plutôt à la deuxième proposition. Ces formes de vie qui ont 500 000 ans d'avance sur la Terre, si elles viennent ici, de quoi seraient-elles capables? Pourraient-elles asservir l'humanité et le voudraient-elles? Nous chasseraient-elles comme s'il s'agissait d'un sport? Peut-être encore, conservaient-t-elles les humains en tant qu'animaux de compagnie pour les utiliser comme sujets de conversation lors des soirées?

L'éventualité de l'existence d'une vie extra-terrestre a fasciné les humains depuis la nuit des temps. *La Guerre des Mondes*, inspiré par l'idée (reconnue désormais comme étant fausse) qu'il y aurait des canaux artificiels sur Mars, avait placé cette vie extra-terrestre aussi près de nous que possible. Nous savons maintenant qu'il y a du pergélisol sur Mars. Du pergélisol implique donc de l'eau. De l'eau implique l'éventualité de la vie. Personne ne s'attend à y voir un être ressemblant à un humain y nager. La manifestation de vie la plus probable serait sous la forme de bactéries.

Une bactérie est cependant bien une forme de vie. Son existence signifierait que les conditions de développement de la vie ont existé ailleurs que sur Terre. Si les bactéries peuvent prospérer hors de notre planète, alors qui peut certifier qu'il n'existe pas, quelque part, une équipe de football participant à la Coupe du Monde d'une planète autre que la Terre?

En réalité, les bactéries de Mars ne répondraient pas à notre grande question. La Terre et Mars se sont échangé dans les deux sens beaucoup de matériel alors qu'ils ont subi les impacts d'énormes astéroïdes. En s'écrasant sur Terre, un astéroïde devient météorite et son impact, s'il est suffisamment puissant peut arracher des masses rocheuses à la planète. Qui sait si les bactéries de Mars ne proviennent pas de la Terre? Dans le même ordre d'idée, qui sait si la vie intelligente sur Terre ne s'y est pas développée à cause des bactéries primitives qui ont voyagé depuis Mars, et qui ont trouvé ici de meilleures conditions pour leur développement. Notre grande question est en effet la suivante: est-il possible que la vie ait évolué à partir de rien dans plus d'un endroit dans l'univers?

C'est une question au sujet de laquelle les scientifiques restent prudents. Charles Darwin, lorsqu'il a élaboré le schéma de l'évolution des différentes formes de vie, a prudemment omis de mentionner d'où elles venaient vraiment. Il n'a pas parlé de Dieu et il n'a pas non plus parlé de hasard complet. Certains scientifiques diront que même les formes de vie les plus simples sont en fait si complexes qu'il est presque impossible que la séquence d'évolutions qui a conduit à la formation de la toute première bactérie ait eu lieu ailleurs dans l'univers; nous y serions donc seuls. D'autres encore disent: « Si cela est si complexe, comment se peut-il que la vie se soit produite par hasard? Pourquoi ne serait-ce pas plutôt planifié, mais par qui? Comment les Terriens peuvent-ils être aussi arrogants pour prétendre que la vie a été planifié qu'une seule fois et ce, uniquement sur cette planète? »

Fred Hoyle et N. Chandra Wickramasinghe ont dit qu'il était impossible que la vie ait pu émerger par hasard. Cette probabilité, ont-ils dit, équivaudrait à une chance sur 10 puissances de 40 000.

Puisque la majorité des humains communs ne peuvent se représenter un tel nombre, ils ont eu la bonne idée d'ajouter qu'il s'agissait là « d'une probabilité extrêmement faible ». Richard Dawkins ne partage pas ce point de vue et traite avec mépris toute personne qui croit que le développement de la vie ne puisse, même théoriquement, n'être qu'un accident. Stephen Hawking, dans le dernier livre publié avant sa mort, a dit que l'univers n'a pas été créé par Dieu. Plutôt, il s'agissait là de l'inévitable résultat des lois de la nature. Oui, Stephen. Très bien. Cependant, les lois de la nature, d'où viennent-elles?

La vie extraterrestre existe-t-elle? Le but de ce livre n'est pas de prendre parti d'un côté ou de l'autre sur cette question. Plutôt, nous proposons d'explorer l'état actuel de nos connaissances sur le sujet pour ultimement tenter de répondre à la question à savoir si nous sommes seuls dans l'univers. Il n'y a aucun doute: cette question préoccupe les humains depuis qu'ils sont humains, et selon nous, c'est une question qui perdurera tant que vivra l'être humain.

S'il y avait des êtres intelligents ailleurs dans l'univers, où sont-ils ?

CHAPITRE 1

LES TERRIENS RENCONTRENT DES EXTRA-TERRESTRES

Que se passerait-il lors d'une rencontre physique entre le peuple terrien et des représentants d'une civilisation lointaine?

La technologie permettant de voyager vers une planète lointaine sur laquelle une civilisation se serait déjà installée n'existe pas encore sur Terre. En conséquence, si rencontre il y a - une rencontre physique, plutôt qu'une simple communication à distance - entre des humains et des habitants d'une autre planète, ce seront les représentants de la planète développée qui rendront visite à la Terre et non l'inverse.

À quoi ressemblerait cette rencontre? Quels en seraient les retentissements?

Le premier retentissement serait d'ordre physique. À moins que les conditions de vie sur la planète d'origine des visiteurs ne soient similaires à celles de la nôtre, il est peu probable que les visiteurs extra-terrestres ressembleraient à des humains. Faut-il rappeler que les êtres humains n'ont pas de très bons antécédents quand il s'agit de faire face à des populations qui semblent différentes d'eux-mêmes? Une couleur de peau différente, des yeux différents ou, pire encore, ces deux éléments en même temps ont fréquemment été le prétexte à des groupes profondément tribaux de la population terrienne pour non seulement tenir d'autres tribus en aversion, mais aussi pour leur faire la guerre. Ainsi, demandons-nous quelle serait la probabilité que des êtres non humanoïde soient accueillis de manière pacifique?

Les humains seraient-ils même capables de considérer un visiteur à l'apparence fondamentalement différent, par exemple un visiteur ressemblant à un insecte, comme étant une « personne »? Même si l'insecte est arrivé dans un vaisseau spatial fabriqué à partir d'un matériau inconnu de tous et alimenté par une source d'énergie que les humains ne peuvent que difficilement concevoir, n'est-il pas probable que cette apparence conduirait les humains à traiter les visiteurs avec mépris, voir même à essayer de les éradiquer comme s'il s'agissait d'une infestation?

Pourtant, il existe de bonnes raisons de penser qu'un visiteur venant d'ailleurs dans l'espace puisse prendre la forme d'un insecte, tel un cafard ou peut-être un grillon. Par exemple, ici sur Terre il existe plus d'insectes que la population totale des autres formes de vie animale réunies. Les insectes semblent être capables de variations et développements quasi infinis et ils sont très difficiles à éradiquer.

Considérant que les humains, perturbés par l'apparition de leurs visiteurs, pourraient tenter de les détruire, s'exposant à être eux-mêmes détruits par la civilisation avancée; les visiteurs pourraient ne pas être présents en chair et en os. Des scientifiques comme John von Neumann ont émis des théories sur des engins spatiaux pouvant se recopier en extrayant d'un astéroïde, les matériaux dont ils ont besoin. Cette idée émane de la nécessité d'une telle technologie pour parcourir les inimaginables distances qui séparent les galaxies ou même celles à l'intérieur de notre propre galaxie. Cette théorie, qui n'est sur Terre qu'une simple piste de réflexion parmi d'autres, pourrait être la routine pour une civilisation interstellaire avancée. De plus, pour qu'un astronaute puisse survivre aux trajets d'une durée affreusement longue pour parcourir de telles distances, l'utilisation de molécules autoreproductrices à l'intérieur du corps humain ou extra-terrestre a également été suggérée.

Cependant, est-ce vraiment réaliste? Oui, il est tout à fait possible que des civilisations plus avancées que la nôtre aient déjà développé un moyen de préserver un corps d'une telle manière.

Toutefois, qui s'aventurerait dans un pareil voyage dans ces conditions? Imaginez que vous soyez dans la même situation que l'un de ces astronautes extra-terrestres qui ont été sollicités pour réaliser un voyage vers la Terre depuis la galaxie MACS0647-JD. Celle-ci se situe à 13,3 milliards d'années-lumière. Même si votre civilisation a développé une forme de transport capable d'atteindre la vitesse de la lumière, le temps passé lors de ce trajet sera inimaginable. Seriez-vous prêts à le faire? Abandonneriez-vous vos enfants, votre mari et votre club de lecture, en sachant qu'à la fin de votre voyage, vous rencontreriez une civilisation au développement inférieur à la vôtre de quelques centaines de milliers d'années? De plus, vous ne pourriez pas rentrer chez vous avant un minimum de 27 milliards d'années, quand votre planète sera alors potentiellement arrivée à la fin de son cycle de vie. Enfin, une fois arrivé sur Terre, votre corps aura été remplacé quatre-vingts fois. Vous ne serez par conséquent plus du tout vous-même. Accepteriez-vous ces conditions?

En vérité, obliger quelqu'un à voyager aussi loin est impossible. La présence dans le vaisseau spatial d'une sorte d'hologramme ou bien d'un robot est beaucoup plus probable, quoique, dans le cas d'un robot, une technologie autoreproductrice serait également nécessaire.

Bien entendu, MACS0647-JD est, du moins selon nos connaissances actuelles, la galaxie la plus éloignée de la Terre. À l'opposé, la galaxie d'Andromède, la galaxie la plus près de notre la nôtre, la Voie lactée, est située à environ 2,55 millions d'années-lumière de là où nous sommes, et il n'est pas impossible qu'un astronaute interstellaire soit prêt à effectuer ce voyage.

Diverses questions émaneraient d'une rencontre physique avec une civilisation aussi avancée pour parcourir de grande distance. D'abord, comment une civilisation aussi avancée a-t-elle pu améliorer ses propres corps? Ensuite la question connexe: qu'est-ce qui fait qu'une personne est une personne? La durée de vie de l'organisme des visiteurs, s'il est similaire à celui des êtres humains, devrait être soumise à des limitations physiques. À l'âge de soixante-dix ans, un être humain, ici sur Terre, peut avoir accumulé beaucoup d'expérience et de connaissances, mais cette connaissance est emprisonnée dans un corps qui n'est plus ce qu'il était autrefois. La coquille physique dans laquelle est enfermé un esprit ne peut se regénérer indéfiniment. Ainsi, tant que la personne se représente de façon indissociable de son corps, rien ne peut être fait à ce niveau, mis à part le remplacement de quelques parties secondaires du corps comme les articulations de la hanche. Si, cependant, c'est l'esprit lui-même que la personne conçoit comme étant « elle » ou « lui », il n'y a alors plus d'autre barrière que celle de la technologie qui permettrait de remplacer complètement les différentes parties du corps par des composants faits de métaux durables par exemple.

Une telle technologie commence à peine à exister sur Terre, mais elle pourrait être à un stade très avancé ailleurs. Ajoutez à cela les avancements en matière d'IA (Intelligence artificielle) sur Terre, puis imaginez les possibilités techniques des civilisations plus avancées. Dans ces civilisations innovantes en matière d'IA, il serait alors possible de dire que le « je » est désormais le « ça », alors que non seulement la capacité de raisonner, mais aussi la connaissance et l'intelligence ont été transférées dans quelque chose qui pourrait à première vue être considéré par quelqu'un sur Terre comme étant une sorte de machine, mais qui se considère comme étant une personne.

SI LE PREMIER CONTACT N'EST PAS PHYSIQUE, MAIS PAR LE BIAIS D'UN MESSAGE

Il est probablement beaucoup plus vraisemblable que la première « rencontre » entre des êtres extra-terrestres et des personnes sur Terre soit la réception d'une transmission en provenance d'une planète lointaine et non une rencontre physique. Comment ce message sera-t-il donc reçu? Voici deux scénarios possibles :

- Les observateurs, qu'ils fassent partie d'un des projets scientifiques du SETI ou d'ailleurs, détectent des signaux d'une forme qui suggère avec une certaine certitude qu'ils ont été transmis dans un but précis par des êtres intelligents, dans l'espoir qu'ils soient un jour reçus quelque part par d'autres êtres intelligents. Aucune signification particulière ne peut être décodées à partir des signaux; ils ne sont qu'un indice que leur origine est de nature intelligente.

- Un message est reçu en chinois, espagnol, anglais, hindi et arabe. Le message commence ainsi : « Bonjour, Terre. »

De toute évidence, l'impact qu'auraient ces deux prises de contact serait très différent. La première nous fait savoir que les humains ne sont pas seuls dans l'univers. Il existe une autre forme de vie quelque part et celle-ci est assez intelligente pour pouvoir envoyer des signaux dans l'espace. Celui qui a envoyé ces signaux les a envoyés au hasard dans l'espoir qu'il y aurait quelque part d'autres êtres intelligents capables de les recevoir et de comprendre qu'ils ont été envoyés intentionnellement. Ils signifient en fait, « Sommes-nous seuls? Quelqu'un peut-il nous entendre? » Mais le second - ah, le second! Ce message nous dit : « Nous savons qui et où vous êtes. » Le choix des mots indique que l'expéditeur a suffisamment étudié la Terre pour connaître les cinq langues les plus courantes. Aussi loin soient-ils, ils possèdent les moyens technologiques requis pour pouvoir nous dire: « Nous vous surveillons ».

Comment les Terriens réagiraient-ils à l'une ou l'autre de ces prises de contact? Cela dépend en grande partie de qui les recevrait. Serait-ce un gouvernement? Un membre de la population? Ou les deux?

Premièrement, le signal non dirigé envoyé au hasard. Si un gouvernement le détecte, il serait rassurant de penser que l'information relative à cette découverte serait alors partagée avec d'autres gouvernements et avec le public. Rassurant - mais peut-être naïf. Les gouvernements ont tendance à ne dire que le strict nécessaire à leurs électeurs. Dans un tel scénario, ils pourraient proclamer qu'ils ont gardé cette information secrète parce qu'ils ne voulaient pas causer de panique inutile au sein de la population. Voilà qui serait une bonne excuse; en toute probabilité, cependant, il serait plus franc de dire qu'ils ont vu un avantage à détenir des informations que d'autres ne détiennent pas. Il est également probable que n'importe quel gouvernement prendrait conscience de l'avantage que représenterait le fait de devenir l'intermédiaire par le biais duquel la civilisation extra-terrestre négocie avec la Terre. Quelque chose qui serait beaucoup plus facile à faire s'ils étaient les seuls à posséder ce savoir, du moins au début.

Si le signal est initialement détecté par un membre du public, alors une grande variété de possibilités se présente. Cette situation n'est en aucun cas impensable puisque de nombreuses découvertes astronomiques récentes ont été réalisées par des amateurs. L'individu en question pourrait décider de garder la découverte secrète, mais de l'échanger à un gouvernement (ou à une autre agence) contre de l'argent. C'est cependant quelque chose de peu probable, compte tenu du type de personnes qui pratiquent ce genre d'observations. Il est bien plus probable qu'ils veuillent le faire savoir au monde entier. Les informations seraient publiées dans des magazines spécialisés et rapidement reprises par la presse généraliste. Deux options se présenteraient alors aux gouvernements : étayer l'information que la population a déjà entendue et essayer d'influencer la façon dont la situation se déroule; ou ridiculiser l'individu en question et déclarer que l'information diffusée est fausse. Dans certains territoires, l'observateur serait probablement envoyé dans un asile pour les malades mentaux.

Ce qui est le plus probable, évidemment, c'est que le signal soit détecté presque simultanément par plus d'un gouvernement (ils sont tous aux aguets, qu'ils le disent publiquement ou pas) et par plus d'une personne dans plus d'un pays. Dans un tel scénario, le contrôle de l'information deviendrait impossible et l'impact correspondant dépendrait de la façon dont réagirait le public. Cette réaction aurait également un impact sur la réponse provenant de la Terre. Y en aurait-il bien une? Si oui, sous quelle forme? Beaucoup de réflexions ont déjà été menées pour se demander comment échanger des informations avec une civilisation étrangère, de la même manière, ou presque, que la pierre de Rosette a permis au monde moderne d'interpréter les hiéroglyphes utilisés en 'Égypte ancienne. Cette comparaison convient bien puisque la civilisation égyptienne qui a créé la Pierre de Rosette a disparu bien avant qu'elle ne soit traduite et la civilisation extra-terrestre qui est à l'origine du signal peut également s'être éteinte avant que le signal soit reçu sur Terre.

Revenons-en maintenant au signal qui a commencé par les mots : « Bonjour, la Terre ». Les mêmes questions doivent être posées en ce qui a trait à la ou les personnes qui reçoivent le message et ce qu'ils en font, mais surtout à l'impact très différent qu'il aurait sur la civilisation humaine. Quelle est la suite de ce message? Peut-être est-ce, « Ce message vous informe que vous allez bientôt recevoir la visite d'un vaisseau spatial contenant cinq de nos citoyens. » La Terre, mise au courant que E.T. l'extra-terrestre est sur le point de passer de la fiction à la réalité, serais alors sur le point d'accueillir des visiteurs du cosmos. Si la civilisation qui est à l'origine de la transmission est intelligente (comment ce message aurait-t-il pu être envoyé dans le cas inverse?), elle aura également envoyé des images des extra-terrestres afin qu'ils soient reconnus à leur arrivée, qu'on les accueille avec le respect qu'il se doit et non pas (s'ils ressemblent effectivement à des insectes) avec des bombonnes d'insecticide.

Il existe plusieurs suites possibles à ce message. En voici deux :

- « Notre intention est de coloniser la Terre. Personne ne sera blessé, tant que vous vous pliez à nos règles. N'essayez pas de résister. Nous possédons des armes qui vont au-delà de votre imagination; nous préférerions ne pas avoir à les utiliser, mais nous le ferons si vous le rendez nécessaire. »

- « Nous venons en paix. Nous vous offrons notre amitié. Nous pensons avoir des technologies à partager dont vous aurez envie de bénéficier. »

Ces deux options méritent d'être examinées plus en détail.

LA COLONISATION

« Nous possédons des armes qui vont au-delà de votre imagination. » Voilà qui n'était pas une exagération de leur part. Ils possédaient la technologie nécessaire pour construire un vaisseau spatial capable de résister aux contraintes et aux pressions imposées par un tel trajet à une vitesse proche de celle de la lumière. Quand ils ont atterri, ils l'ont fait en public : pas dans un désert lointain, comme les films le suggèrent, mais dans un parc dans le centre d'une capitale grande et peuplée. Aucune chance que leur arrivée ne passe inaperçue ni qu'elle ne soit gardée secrète. Le pays où ils ont atterri n'a pas osé attaquer le vaisseau spatial en utilisant des armes nucléaires, de peur des répercussions possibles sur ses propres citoyens et son propre gouvernement. D'autres pays n'ont pas eu de telles raisons de se montrer aussi prudents et ont tenté de procéder à une frappe nucléaire.

Le contrecoup a pris tout le monde de court. L'envahisseur avait la capacité d'éliminer toutes formes de communications en provenance de la Terre. Les roquettes ne pouvaient être lancées, les troupes ne pouvaient être mobilisées et les engins nucléaires ne pouvaient exploser. Les soldats qui ont tenté de résister à l'invasion ont reçu des ordres (qui semblaient venir de leur propre commandement) d'utiliser leurs armes pour s'entretuer. Une forme de manipulation de la pensée a brisé toute résistance qu'ils auraient pu avoir à suivre ces ordres.

Une armée de robots de combat a été assemblée à partir de la nanotechnologie ou d'une technologie similaire. Les humains ne possédaient aucun moyen d'arrêter, ni même de ralentir ces robots, alors que les robots, eux, étaient capables de tuer les humains en moins de temps qu'il ne faut pour le dire. Pour résumer, une civilisation qui avait la capacité d'atteindre la Terre et qui est porteuse d'une intention malveillante n'allait pas être vaincue par une quelconque armée amassée par la Terre. Ce serait comme si des guerriers de l'âge de pierre se battaient contre une marine et une armée de l'air en leur jetant des cailloux.

La capitulation serait donc la seule option? Eh bien, la capitulation n'est jamais la seule option, mais ce n'est vrai que pour ceux qui sont prêts à mourir pour une cause perdue. L'Histoire est pleine de ces gens-là. On se souvient d'eux avec la révérence qu'on réserve aux héros. Contrairement à ceux qui sont restés à l'arrière du combat, ils ne sont pas devenus des esclaves. Mais ces héros constituent toujours une minorité, car la plupart des gens placent leur propre survie au-dessus de toutes les autres possibilités. La capitulation fut donc, pour presque tout le monde, la seule option possible.

Pourtant, c'était là une invasion brutale. Néanmoins, certains, selon la forme que prend cette colonisation, peuvent ne pas savoir qu'il y ait eu capitulation. Il y a quelques exemples dans l'histoire de l'humanité de colonisations pour lesquelles presque personne ne se soit rendu compte qu'une invasion avait eu lieu. Le genre de civilisation présenté ici pourrait être capable de remplacer les dirigeants actuels de la Terre par des individus qui leur ressemblent exactement, mais qui sont en fait des extra-terrestres ayant exactement la même forme corporelle, la même apparence et la même façon de parler. Sinon, ils pourraient exercer un contrôle complet de l'esprit des dirigeants et, s'ils en sont capables, ils pourraient également contrôler celui de la population et accomplir ce que les politiciens terrestres n'ont jamais réussi à faire : établir une parfaite concordance du public avec leurs politiques.

Beaucoup de choses dépendront de l'objectif de cette colonisation. Est-ce le commerce? Cela peut sembler improbable au premier abord, mais les civilisations européennes relativement développées des 16e, 17e et 18e siècles ont découvert que le commerce avec les civilisations moins avancées de l'Afrique et du Pacifique Sud, ainsi que des terres plus avancées en Asie, était très rentable pour eux. On pourrait penser que, si les extraterrestres veulent commercer avec la Terre, ils devraient faire en sorte d'y traiter les gens convenablement; malheureusement, l'expérience de ces mêmes personnes qui furent colonisées par les Européens suggère que ce n'est pas nécessairement vrai.

Ces arrangements commerciaux du passé étaient par ailleurs très unilatéraux. Si notre expérience avec les extra-terrestres reflète celle des peuples colonisés par les Européens, le « commerce » ne sera pas effectué d'égal à égal. La Terre disposera des ressources dont les extraterrestres ont besoin et ce qu'ils offriront en échange sera comparable à des perles de verre. Au moins, il est bon de se rappeler que le genre de civilisation dont nous parlons est susceptible de considérer un iPhone X comme l'équivalent d'une perle de verre.

Une étude approfondie de l'histoire coloniale européenne permet d'évoquer d'autres possibilités. La Terre pourrait être envahie dans le but de répandre une religion, comme de nombreux pays sur cette planète ont été envahis pour forcer leurs populations à adopter le christianisme, l'Islam ou encore le communisme. Cela nous ramène à la question de savoir comment les gens réagiront à un tel évènement. Nous en parlerons plus en détail plus loin dans ce livre, mais il est souvent suggéré que l'un des grands perdants sur Terre dans l'éventualité de la découverte d'une civilisation extra-terrestre serait la religion. Or ce n'est pas nécessairement le cas. Une bande dessinée à succès sur Facebook dépeignait des extra-terrestres sur une autre planète en train de parler à des visiteurs terriens. « Jésus? » dit l'un des extra-terrestres. « Nous le connaissons bien. Il passe environ une fois par mois. Nous lui offrons du café et des gâteaux. Comment l'avez-vous accueilli? » Imaginons que les envahisseurs apportent avec eux un livre sacré qui racontait à peu près la même histoire que la Bible, le Coran ou qu'un autre texte religieux déjà connu ici. Quoi de mieux pour renforcer une parole religieuse qui existait au préalable?

Cela dit, il est possible que les valeurs des extra-terrestres soient tellement différentes de celles des humains qu'il nous soit impossible de les comprendre La Terre a offert à la race humaine un cadre de vie assez inoffensif dans lequel elle a pu grandir. Quand les humains ont daigné s'abstenir de s'entretuer, que ce soit à cause de la religion ou du commerce, ou tout simplement parce que les humains sont des êtres tribaux et n'aiment pas vraiment les membres des autres tribus, la planète a été plutôt bienveillante envers eux. Imaginez-vous une planète différente, soit celle dont les visiteurs interstellaires proviennent, où la lutte pour la survie est une affaire de tous les jours. Ces extra-terrestres ne sont pas sortis complètement indemnes de l'évolution de leur propre planète. Ils ont survécu parce qu'ils sont devenus plus aptes à tuer les autres espèces que les autres espèces ne le sont devenues à les tuer. Quel état d'esprit et quel système de valeurs ces individus sont-ils susceptibles d'avoir développé?

Il est très probable que l'univers soit fondé sur le principe de la loi du plus fort. Ils auraient pour croyance que si les humains ne sont pas capables de leur résister, les humains ne sont pas capables de survivre. Il serait dès lors légitime pour eux de nous tuer, tout simplement parce qu'ils en sont capables. Peut-être pas légitime selon nos normes et nos valeurs, mais assurément selon les leurs et ce seraient bien leurs normes et leurs valeurs qui seraient importantes, puisque « la force prime le droit ».

LES EXTRA-TERRESTRES VIENNENT EN PAIX

Il est possible d'imaginer une prise de contact avec des extra-terrestres, soit lors d'une rencontre, soit par communication, dans laquelle les desseins des extraterrestres soient altruistes. Ils savent que nous sommes là, ils se rendent compte que nous sommes en difficulté, leur civilisation a des centaines de milliers d'années d'avance sur la nôtre et ils souhaitent nous aider. Voilà qui ne peut être qu'une bonne chose.

Peut-être est-ce une bonne chose, en effet, mais là encore, peut-être pas.

Les visiteurs nous observent. Ce que nous faisons. Comment nous vivons. Ils remarquent qu'il y a des choses que nous pourrions faire mieux. Nous faisons constamment appel à des matériaux et des méthodes de construction qui sont destructrices et qui épuisent les ressources disponibles. Nous sommes loin d'être aussi avancés qu'eux en termes de capacité à communiquer entre nous. Notre gaspillage d'énergie les fait désespérer. Ne sommes-nous pas conscients que l'énergie est partout, qu'elle est librement accessible et qu'elle pourrait l'être pour tous? En matière de soins médicaux, le désespoir est un mot trop faible pour décrire leur réaction. Comment pouvons-nous laisser la maladie, l'infirmité et la souffrance sévir autant que ça? Ne réalisons-nous pas à quel point la vie de tous pourrait être meilleure? Que faire face à la vieillesse dans un tel état de décrépitude n'est pas une fatalité? Que les handicaps, physique ou mentaux, sont facilement remédiables? Nous ne pouvons le comprendre, se disent-ils. Si c'était le cas, nous changerions notre façon de faire.

Mais est-ce vraiment vrai?

Nous sommes conscients du fait que nous ne devrions pas fumer, mais beaucoup d'entre nous le font malgré tout. Nous sommes conscients du fait que construire plus de routes et plus de voitures n'est pas vraiment la meilleure façon de se déplacer, mais c'est pourtant le mode transport préféré de presque tout le monde. Les moyens sont là aujourd'hui pour que chaque être humain sur cette planète puisse bénéficier d'une alimentation suffisante et ait accès à de l'eau courante. Nous en sommes capables; pourtant nous ne le faisons pas. Pourquoi donc? Cela ne peut être que parce que nous choisissons de ne pas le faire. Ainsi si nous ne sommes pas efficients dans l'utilisation de la technologie que nous possédons, comment pourrions-nous prétendre que nous ferions mieux avec une technologie que nous ne possédons pas encore?

Néanmoins, nous sommes désormais en contact avec une civilisation extra-terrestre altruiste et à l'avancement bien supérieur au nôtre. Nous allons prendre exemple sur eux. N'est-ce pas?

Eh bien... Il peut être utile d'étudier de près ce qui arrive à l'aide humanitaire envoyée par des pays aisés à des pays plus pauvres et moins développés. Cet ouvrage n'est pas le bon endroit pour intenter un procès aux élites à la tête d'un certain nombre de pays du Tiers Monde, mais beaucoup de preuves existent pour affirmer que plus de la moitié de l'argent envoyé pour aider les plus pauvres de ces pays ne leur parvient jamais. Est-ce que le fait que cette aide provienne désormais de quelque part dans l'espace changerait la donne? Ou ne serait-ce pas au moins aussi probable que les élites des pays les plus riches en profiteraient grassement, tandis que ceux qui se trouvent en bas de l'échelle n'en verront que des retombées minimes sur leurs vies?

Le fait est que le tribalisme n'est pas le seul mal qui touche la race humaine. Ou en tout cas pas si on définit une tribu comme étant un groupe de personnes venues d'ailleurs. Les tribus existent à l'intérieur même des pays. Les gens se séparent les uns des autres pour des motifs comme la religion, la couleur de peau, l'accent, l'éducation, la classe (qui peut intégrer ou non l'intégralité ou une partie de ces facteurs) et bien d'autres choses. Cela semble être la façon dont les humains fonctionnent : constituer de petits groupes isolés des autres. Cela peut être lié à la peur. Si c'est bien le cas, il est peu probable que les choses s'améliorent lorsqu'une civilisation plus avancée offrira une technologie plus avancée, puisque certaines des pires guerres de l'histoire ont eu à cause d'un sentiment d'infériorité. Les humains n'aiment pas se sentir inférieurs et ils s'en prennent alors aux autres. Pourtant ce sentiment d'infériorité sera inévitable dans le contexte d'un transfert de technologies extra-terrestres.

Il n'y a donc aucune raison de penser que tout cela s'améliorera le moment où quelqu'un débarquera d'une autre planète et dira : « Laissez-moi vous montrer comment obtenir de l'énergie gratuite et illimitée. » Il serait beau d'imaginer que le monde entier bénéficierait de cette présentation, mais il est plus probable que certaines factions chercheraient à en tirer profit, puis à vendre à d'autres l'énergie pour laquelle ils n'ont rien payé.

Que se passerait-il si les visiteurs parvenaient à éluder tous les prédateurs qui attendent de s'emparer de cette nouvelle technologie et d'en garder les bienfaits pour eux-mêmes? Si, comme ils en seraient probablement capables, nos visiteurs s'assuraient de rendre la technologie qu'ils nous partagent accessible à tous. Que se passerait-il? Clairement, la réponse pourrait être la suivante : de bien bonnes choses. Là où l'eau était auparavant salée ou polluée, elle est désormais propre, fraîche et pure. Les habitations sont désormais construites de façon abordable et durable, mais aussi fonctionnelle et élégante. La nourriture est désormais produite dans des endroits qui, il n'y a pas si longtemps, étaient des déserts.

Liberté! Libération! La race humaine dispose enfin de la liberté qu'elle a désirée depuis que les histoires s'écrivent et se racontent. Cela signifie-t-il le rayonnement d'un bonheur humain universel?

Voilà qui serait une belle pensée. Toutefois, nous avons négligé les gouvernements et les raisons qui poussent les gens à les intégrer. Nous avons invalidé la capacité d'un groupe de personnes donné à dominer d'autres groupes de personnes. Il se peut qu'ils soient réticents à y être en faveur. Cela pourrait déclencher une ère de conflits plus importante que tout ce que la planète Terre a connu jusqu'ici.

Le titre de ce livre est : *Où sont-ils* ? Ce que ce livre cherche à déterminer est la question suivante : si des civilisations existent sur d'autres planètes, pourquoi n'avons-nous reçu aucune forme de contact avec elles? Peut-être s'agit-il justement de cette raison? Ils nous observent. Ils connaissent le niveau de développement que nous avons atteint. Ils sont capables de déterminer à quel moment nous serons prêts à prendre part à la dégustation de la corne d'abondance qu'ils savourent déjà.

Et ils savent que nous n'avons pas encore atteint ce palier.

CHAPITRE 2

LE PROJET SETI

Officiellement, le projet SETI est la recherche d'intelligence extra-terrestre (Search for Extra-terrestrial Intelligence), mais c'est en réalité quelque chose qui est plus précisément défini que cela.

La Guerre du Feu, est un film français réalisé en Écosse, au Kenya et sur l'île de Vancouver et dont l'action est située en Europe il y a 80 000 ans. Il a pour sujet le contrôle du feu, qui l'avait, qui le voulait et comment ils pouvaient l'acquérir. Sa fin est pertinente par rapport au chapitre actuel. C'est l'histoire de la relation amoureuse entre Ika, une jeune femme qui est jouée par Rae Dawn Chong, et Naoh, un jeune homme incarné par Everett McGill. À la toute fin du film, les deux amoureux (Ika étant enceinte) s'assoient sur le sol dans une étreinte et contemplent la lune. Ils se parlent entre eux en utilisant une langue que l'auteur britannique Anthony Burgess aurait soi-disant développée pour ce film, même s'il l'a en vérité calquée sur celle des Cris et des Inuits du nord du Canada. (Les Inuits ont trouvé le film particulièrement amusant parce que les mots prononcés par les personnages n'avaient rien à voir avec ce qui se passait à l'écran, ce qui échappait à la plupart des spectateurs.) Leurs gestes et leurs expressions faciales indiquent clairement qu'ils parlent de la lune. Qu'est-ce donc? Où est-ce? Comment s'y rendre? Y a-t-il des animaux qu'ils pourraient chasser pour se nourrir? Y a-t-il des animaux qui pourraient les tuer pour se nourrir? Y trouve-t-on des gens là-bas? Des gens comme Ika et Naoh?

Il s'agit d'une conversation entre humains intelligents. Ils peuvent apprendre de leurs expériences, en discuter en utilisant des termes que d'autres peuvent comprendre, poser des questions et suggérer des réponses possibles. L'intelligence est à l'œuvre. Si quelqu'un sur une autre planète avait une telle conversation, nous considérerions ça comme étant une forme d'intelligence extra-terrestre. Quiconque regarderait Ika et Naoh depuis une autre galaxie tirerait la même conclusion : voici une forme d'intelligence extra-terrestre.

Ce n'est toutefois pas le genre d'intelligence extra-terrestre que le projet SETI sera à même de découvrir, car Ika et Naoh ne sont pas capables d'envoyer des signaux dans l'espace. Aussi intelligents soient-ils, ils n'ont pas la technologie suffisante pour le faire.

Le nom du projet n'est donc pas tout à fait exact. En réalité, c'est la recherche d'une intelligence extra-terrestre qui a atteint un stade de développement grâce auquel elle est capable d'envoyer des signaux dans l'espace.

Cette façon de rechercher la vie extraterrestre est incontournable, puisqu'une civilisation sur une autre planète, ou peut-être dans une autre galaxie, est plus susceptible d'attirer l'attention des observateurs terriens si elle est capable de transmettre des signaux qui peuvent être reconnus ici pour ce qu'ils sont.

Cette quête existe depuis que les humains ont commencé à regarder le ciel avec des télescopes. Au cours des 30 dernières années, l'Institut SETI est devenu l'un des principaux groupes de recherche sur la vie extraterrestre. L'opinion la plus répandue est que l'Institut SETI est un groupe de scientifiques qui examinent les ondes radio à la recherche de caractéristiques qui leur permettraient de dire : « Ceci n'est pas du bruit. Ceci n'est pas arrivé par hasard. Ceci est un signal initié et transmis par un être intelligent. » La réalité est plus complexe et plus diversifiée que cela; l'Institut est composé de trois centres, possède des objectifs variés ainsi que divers moyens pour les atteindre.

Le **Centre Carl Sagan**, du nom de l'astronome et auteur Carl Sagan, compte plus de 80 scientifiques qui poursuivent six grands domaines de recherche:

- Astronomie et astrophysique
- Exoplanètes
- Exploration planétaire
- Climat et geoscience
- Astrobiologie
- SETI

Comme cette liste l'indique, la recherche d'informations extra-terrestres ne représente qu'un des centres d'intérêt de la recherche du Centre Carl Sagan. Les scientifiques du Centre sont parfois agacé lorsque les questions qu'on leur pose se concentrent uniquement sur ce domaine.

Le **Centre pour l'Éducation** ne possède qu'un intérêt secondaire pour l'intelligence extra-terrestre; son but est de promouvoir la connaissance de l'astronomie et de l'astrobiologie (et de la science de l'espace en général) en offrant aux éducateurs et aux étudiants les outils, les ressources et les informations dont ils ont besoin.

Le **Centre de Sensibilisation du Public** doit être au fait des activités du SETI, car c'est la partie de l'organisation qui est en contact avec le public et le public est probablement plus intéressé par le SETI que par tous les autres aspects de la recherche spatiale. D'ailleurs, le centre de sensibilisation du public organise des programmes hebdomadaires sur le SETI.

OÙ CHERCHENT-ILS ET COMMENT LE FONT-ILS

L'endroit le plus évident où trouver de la vie extra-terrestre intelligente serait sur une exoplanète. Les exoplanètes sont des planètes situées au-delà du système solaire qui gravitent autour d'une autre étoile que la nôtre. Depuis des siècles, les scientifiques ont été convaincus que de telles planètes devaient exister, mais la technologie pour confirmer qu'un corps céleste est bien une exoplanète est relativement récente. Même en 1917, il était impossible de confirmer que le corps observé était une exoplanète. Ce n'est qu'en 1992 que les scientifiques ont pu confirmer que ce qu'ils pensaient être une exoplanète en était bien une. Maintenant nous savons qu'il en existe beaucoup.

Toutes les exoplanètes ne constituent pas de bons candidats pour servir de foyer à une forme de vie intelligente. Puisqu'une telle vie ne peut exister sur Terre sans eau, les scientifiques partent du principe que l'eau est essentielle pour la vie intelligente où que ce soit.

Ils ne peuvent pas en être sûrs. Il est possible que des organismes intelligents soient rassemblés dans un bar au moment même où vous lisez ces lignes, en train de siroter un ou deux verres d'hydrogène liquide. Toutefois, la recherche se concentre présentement sur les exoplanètes de la zone Boucles d'or, où (tout comme la bouillie du Petit Ours) il ne fait ni trop chaud ni trop froid, mais juste ce qu'il faut pour que de l'eau liquide puisse se former et durer. (Les scientifiques préfèrent le terme « zone habitable » à celui de zone Boucles d'or; la zone habitable est une zone assez proche de l'étoile autour de laquelle la planète orbite pour que l'eau se forme, sans être si proche qu'elle s'évapore ou si lointaine qu'elle gèle).

Quant aux méthodes de recherche, elles combinent à la fois les télescopes optiques et les radiotélescopes. Un télescope optique permet de révéler où une exoplanète se trouve, où elle est par rapport à son étoile et, si le télescope est suffisamment puissant, des indications sur l'absence ou la présence des conditions nécessaires à l'apparition de la vie. Bien qu'il requière plus d'interprétation, un radiotélescope a la même fonction et permet de capter des signaux dans une autre partie du spectre électromagnétique, les ondes radioélectriques, alors que le télescope se limite à la mince zone de longueurs d'ondes visibles, soit celle de la lumière déclinée sous ses différentes couleurs.

CE QU'ILS RECHERCHENT

Presque toutes les sortes de corps célestes dans l'univers émettent de l'énergie (à l'exception des trous noirs, qui absorbent l'énergie et refusent de la laisser s'échapper. Nous y reviendrons plus en détail plus tard dans ce livre). L'énergie est transmise sous forme d'ondes, les ondes électromagnétiques. Ces ondes, contrairement aux ondes mécaniques, n'ont pas besoin de support matériel pour se déplacer et peuvent ainsi voyager dans le vide de l'espace. Selon la longueur et la fréquence des ondes, le spectre électromagnétique se décline en divers types d'ondes. Classé par ordre croissant de longueur d'onde et décroissant de fréquence et d'énergie, les types d'ondes électromagnétiques sont les suivants : les rayons gamma, les rayons X, les rayons ultraviolets, la lumière visible, les rayons infrarouges, les micro-ondes et les ondes radio. Un télescope, comme l'œil, ne perçoit que la mince zone de la lumière visible. Le radiotélescope capte les ondes radioélectriques, communément abrégée en onde radio, émises par les astres, soit une autre zone du spectre électromagnétique. Les ondes radioélectriques ont une fréquence inférieure à 300 GHz, soit une longueur d'onde dans le vide supérieur à 1 millimètre.

Bien que dans le mot radiotélescope, il y ait la présence du mot « radio », un radiotélescope ne capte pas les ondes sonores qui ont besoin d'un milieu pour se propager, soit l'air. Les ondes captées par un radiotélescope sont électromagnétiques comme l'est la lumière. La lumière, comme toutes les ondes électromagnétiques, peut voyager à travers le vide, alors que le son ne le peut pas (c'est pourquoi, quand vous criez dans l'espace, personne ne vous entend). Il existe aussi des différences dans la forme de l'onde; les ondes lumineuses sont transversales et les ondes sonores sont longitudinales.

Le fait que toute matière transmette de l'énergie et la transmette dans toutes les directions possibles implique que l'univers est un endroit très bruyant et qu'il est très difficile d'y distinguer le type de signal spécifique recherché par le SETI, à savoir les signaux qui laissent supposer qu'ils ont été générés par une forme d'intelligence. Les signaux qui sont générés par les corps célestes occupent l'ensemble du spectre radio. Ils couvrent en fait l'ensemble du spectre électromagnétique. Les scientifiques du SETI pensent qu'il est extrêmement improbable qu'un être intelligent essaie de communiquer sur une gamme aussi vaste. Ils orientent donc leur recherche sur les signaux à bande étroite, des signaux ne couvrant qu'une petite partie du spectre radioélectrique.

Ils recherchent également, dans la zone de la lumière visible, de brefs éclairs lumineux d'une durée de quelques nanosecondes.

Lorsque des signaux répondant à ces deux critères : signaux de spectre radioélectrique à bande étroite et éclairs lumineux de durée nanométrique sont découverts, ils sont considérés comme de possibles signaux intelligents et sont examinés plus en détail.

Les scientifiques sont également conscients que le fait de capter un signal radio ne signifie pas nécessairement qu'il nous est destiné. Certains signaux, s'ils sont assez forts, peuvent avoir tout simplement quitté l'atmosphère d'une planète et nous être parvenus, même s'il cela s'est fait sans aucune intention. À l'inverse, la même chose peut être vraie; quelque part dans l'espace une civilisation essaie peut-être de déchiffrer des talk-shows et de la télé-réalité provenant de la Terre à la recherche de communications intelligentes.

Et cela nous amène à un des problèmes avec le projet SETI: s'ils réussissent à identifier un signal comme provenant avec certitude d'une forme de vie intelligente, quelle est la probabilité qu'ils soient capables de décoder le message? En plus d'être à la recherche de communications ou de signaux transmis à travers l'espace et de ceux qui semblent être destinés à la Terre, le SETI étudie également les signaux passants entre deux mondes dont la trajectoire inclut notre planète. Il se peut que de tels signaux soient des messages transmis d'une planète à une autre ou transmit à un satellite, et qu'ils continuent à voyager au-delà du récepteur prévu pour finalement nous atteindre. Il est raisonnable de penser qu'une forme de vie intelligente capable d'envoyer des signaux dans l'espace serait aussi capable de les réduire à leur strict minimum pour les rendre compréhensibles aux yeux d'une civilisation différente. Cela ne sera pas le cas si le signal correspond à une communication entre deux endroits qui partagent un langage commun.

QUELLE ÉTAPE A ATTEINT LE SETI?

Voici quelques points intéressants tirés des recherches récentes et en cours.

FRB121102 est, comme l'indiquent les lettres FRB, un sursaut radio rapide *(fast radio burst)*. Les FRB peuvent ne durer qu'une milliseconde, mais l'énergie émise pendant cette milliseconde peut être équivalente à celle que le soleil a dégagée depuis que les premiers épis de blés et d'orge ont été cultivés dans la Mésopotamie, il y a environ 10 000 ans. Les scientifiques débattent avec férocité de ce qui provoque un FRB et la réalité est que personne ne le sait. Ils ont probablement une multitude de causes possibles. L'une de ces causes est peut-être la volonté de la part d'une forme de vie intelligente de transmettre un signal.

Un certain nombre de FRB ont été découverts; 121102 a été aperçu pour la première fois en 2012 à l'Observatoire Arecibo de Porto Rico. Il a été aperçu à plusieurs reprises, et une équipe de l'Université Cornell dirigée par le Dr Shami Chatterjee a pris les dispositions nécessaires pour le surveiller au cas où il réapparaitrait. C'est un des risques de ce genre d'exercice, car il se peut qu'un siècle passe avant que 121102 ne réapparaisse; en fait, il y eut neuf éclairs en six mois (et peut-être plus, car seulement 83 heures ont été consacrées à l'observation de l'emplacement de ces impulsions pendant ces six mois). Le Docteur Chatterjee était auparavant boursier Janskey au Centre Harvard-Smithsonian pour l'astrophysique et c'est avec l'aide du très puissant radiotélescope Carl G Janskey que les impulsions ont été observées. L'équipe du docteur Chatterjee a pu situer 121102 dans une galaxie naine à plus de trois milliards d'années-lumière de la Terre.

Cela signifie-t-il que cette galaxie naine abrite une forme de vie intelligente? Non, ce n'est pas du tout ce que cela signifie (et cela ne signifie pas non plus le contraire, c'est-à-dire qu'il n'y a pas de forme de vie intelligente dans cette galaxie, ou que ces éclairs n'ont pas été envoyés par une forme de vie intelligente. Les informations sont tout simplement insuffisantes pour en tirer une conclusion). Il est cependant utile d'éliminer certaines des autres possibilités qui ont été envisagées.

Une opinion très répandue sur les FRB a été qu'ils se sont formés à la suite d'un événement cataclysmique, tel la chute d'une étoile à neutrons dans un trou noir, ou bien une étoile qui explose et forme une supernova. Il est possible que l'un ou l'autre de ces phénomènes puisse produire le genre de rafale comme celle de 121102, mais ils n'auraient pas pu le faire de façon répétée.

Il a également été envisagé que les FRB provenaient probablement de notre propre galaxie. Cela pourrait en effet être le cas, pour d'autres FRB, mais avec une distance de plus de 3 milliards d'années-lumière de la Terre, ce n'est clairement pas le cas ici. (Notre galaxie, connue sous le nom de Voie lactée, a un diamètre compris entre 100 000 et 180 000 années-lumière.)

Il est possible que 121102 soit un magnétar, une sorte d'étoile à neutrons possédant un champ magnétique très puissant. Les étoiles à neutrons sont petites, très denses, et résultent de l'effondrement d'une étoile ayant une masse insuffisante pour générer un trou noir.

Une fois que toutes ces réserves ont été énoncées, il est également possible qu'une forme d'intelligence soit en train d'essayer d'envoyer un signal à une autre forme d'intelligence vivant ailleurs.

Des archives sur les **exoplanètes potentiellement habitables** sont conservées, entre autres, à la même université Arecibo qui a aperçu FRB 121102 pour la première fois. Ils s'occupent d'un Catalogue d'Exoplanètes Habitables (*Habitable Exoplanet Catalogue* - HEC). De plus, la NASA possède une Archive des Exoplanètes qui contient, entre autres, les exoplanètes découvertes par le SETI qui sont situées dans la zone habitable de leur étoile et qui répondent également à d'autres caractéristiques concernant les phénomènes physiques, les rayonnements et le plasma stellaire.

Il est nécessaire d'expliquer trois choses à ce stade:

- Le fait qu'une exoplanète se trouve dans la zone habitable de son étoile ne signifie pas qu'elle est habitable.

- Le fait qu'une exoplanète se trouve dans la zone habitable et qu'elle soit habitable ne signifie pas qu'elle est habitée.

- Toutes les normes utilisées par le SETI et tous les scientifiques qui prennent part à la recherche d'intelligence extra-terrestre reposent sur l'idée que, pour qu'une planète soit en mesure d'accueillir la vie, une planète doit être très semblable à la Terre. La cause de cette croyance est que la Terre est la seule planète connue étant en mesure d'accueillir la vie, et cela n'est donc clairement pas un argument entièrement satisfaisant pour expliquer cette croyance. Si une planète inhabitée qui n'a rien à voir avec la Terre est découverte, alors les paramètres recherchés auront radicalement changé et un éventail beaucoup plus large d'exoplanètes seront considérées comme candidates possibles à l'hébergement de formes de vie intelligentes.

Il est également utile de rappeler deux choses:

- Une planète habitable peut héberger la vie.
- La vie a pu être générée sur une planète habitable.

Il s'agit là de deux affirmations différentes Il est nécessaire de souligner cette distinction parce que, tant que les scientifiques n'auront pas découvert plus d'informations sur la vie sur une autre planète, le simple fait qu'elle existe ne signifie pas que la vie s'est développée déjà à plus d'un endroit dans l'univers. Les scientifiques croient que la vie sur Terre, celle qui inclut les humains, s'est développée sur cette planète. C'est peut-être le cas, mais peut-être pas. Il n'est pas impossible que les éléments essentiels de la vie aient fait le trajet vers la Terre depuis un autre endroit. Ces éléments ont peut-être voyagé sur un astéroïde, une comète ou, il y a longtemps, à bord d'un vaisseau spatial. Il n'est pas non plus impossible que l'endroit d'où ils venaient avant d'atterrir ici n'était pas le lieu d'origine d'où cette forme de vie particulière s'est originellement formée. L'univers est vieux de 14 milliards d'années, à 21 millions d'années près. C'est bien assez longtemps pour que la vie ait voyagé d'un point donné à un autre, avec une série d'escales entre les deux, que ce soit ici, là-bas ou partout ailleurs.

Une fois que tout cela a été pris en compte, un certain nombre de facteurs sont utilisés pour déterminer si une exoplanète est considérée comme étant habitable. Le premier facteur, absolument nécessaire, est une source d'énergie. La vie ne peut pas exister sans énergie, car elle alimente le métabolisme. Au-delà de ce facteur, la NASA affirme que les critères les plus importants pour qu'une exoplanète soit habitable sont : « de vastes régions d'eau liquide et des conditions favorables à l'assemblage de molécules organiques complexes ». Vient ensuite la question des biosignatures.

Une biosignature peut être une molécule, un élément ou même quelque chose qui ne peut être caractérisé avec nos connaissances actuelles, mais quelque chose qui apparaît tout simplement : un « phénomène ». Si cela semble vague, c'est que ça ne fait que refléter la réalité. Presque tout ce qui existe et auquel les humains ont donné un nom est quelque chose que, dans un passé lointain ou plus récemment, quelqu'un a observé et s'est demandé : « Qu'est-ce que c'est? D'où ça vient? Comment devrions-nous l'appeler? ». On pourrait penser que tout ce processus de dénomination de phénomènes s'est effectué à l'aube des temps, mais en réalité les physiciens observent aujourd'hui des choses qui n'avaient jamais été observées jusqu'à présent et leur donnent des noms. Ce qui fait d'une molécule, d'un élément ou d'un phénomène une biosignature, c'est que celle ou celui-ci contient des preuves pouvant être validées scientifiquement qu'il s'agit bien ou s'agissait d'une forme de vie. Des preuves de vie peuvent venir de la structure physique ou chimique, du fait qu'elle utilise de l'énergie librement ou du fait qu'elle produit des déchets et de la biomasse. L'idée est qu'une biosignature est le produit d'organismes vivants. Cela dit, les scientifiques doivent encore une fois procéder avec prudence, car une biosignature peut être universelle, mais elle peut également ne se produire que sur Terre. Néanmoins, certains composants chimiques (l'ADN par exemple), s'ils sont découverts quelque part l'univers, ne peuvent provenir que d'une forme de vie.

Les biosignatures, en raison du type de travail réalisé par le SETI, ne font pas partie de ses recherches actuelles. Ce que le SETI recherche, c'est ce qu'il appelle des « indicateurs d'habitabilité » :

- De quoi est constituée la planète : la planète est-elle gazeuse ou tellurique, quels sont les éléments chimiques qui la compose.

- L'orbite de la planète. Certaines orbites ont une forme si elliptique que la planète peut être située dans la zone habitable pendant une partie de son trajet autour de son étoile et si proche de l'étoile à d'autres moments. Toutes les formes de vie imaginables seraient alors incinérées. La planète pourrait aussi se retrouver à un moment si loin de son étoile que toutes formes de vie succomberaient en raison du froid extrême.

- L'atmosphère de la planète. Les hypothèses actuelles sont qu'une atmosphère constituée d'hydrogène pur, par exemple, serait hostile à la vie, bien qu'il soit possible qu'une découverte imminente remette cela en question. Il est en tout cas vrai que les humains ne pourraient vivre dans une telle atmosphère, mais il est dangereux de s'attacher trop rigoureusement à l'idée que toute forme de vie doit ressembler à la vie sur Terre. Quand on regarde les idées que les humains avaient dans le passé sur la nature de l'univers, un peu d'humilité quant à la portée de la connaissance humaine semble de mise.

Ces indicateurs sont liés aux exoplanètes. Qu'en est-il des étoiles autour desquelles les exoplanètes orbitent? Là aussi, le SETI est à la recherche de certains critères pour décider si une étoile possède une zone habitable et si la vie est susceptible d'exister sur une exoplanète de cette zone:

- Masse. La masse de l'étoile est-elle comprise dans l'intervalle que l'on pense être approprié?
- Luminosité. Quelle quantité de lumière l'étoile émet-elle?
- Métallicité. Les éléments, c'est-à-dire la matière baryonique normale faite d'atomes, constituée de protons, de neutrons et d'électrons, forme seulement une petite fraction du contenu de l'univers, soit environ 4,6% selon les observations cosmologiques. Le reste se partage en énergie et en matière noire. Les modèles cosmologiques standard permettent de bien prédire l'abondance des éléments légers, soit l'hydrogène et l'hélium qui était à l'origine, après le Big Bang, les seuls éléments existants. Les éléments plus lourds ont été produits plus tard dans les étoiles par des réactions nucléaires de fusion. Bien que l'hydrogène et l'hélium composent respectivement 92 % et 7,1 % des atomes de l'univers, les autres éléments, c'est à dire le 1 % des atomes restants, constitue des masses considérables qui ont permis l'apparition de la vie. Ces éléments plus lourds et plus rares sont appelés par les astronomes les « métaux ». Ils ne correspondent pas tous nécessairement à nos métaux du tableau périodique. Les

astronomes s'intéressent particulièrement au pourcentage de la masse d'une étoile qui n'est ni de l'hydrogène ni de l'hélium. Une étoile qui comprend d'importants volumes de carbone, d'azote et d'oxygène est considérée comme étant riche en métaux, du point de vue du SETI. Il s'agit là d'éléments importants, car ils sont considérés comme essentiels dans la formation des toutes formes de vie.

- Une variabilité stable. Une étoile variable est une étoile dont la luminosité (ou la magnitude apparente) est observée depuis la Terre comme étant en train de fluctuer. La variabilité extrinsèque est moins importante comme facteur de sa capacité à soutenir la vie sur une exoplanète, puisqu'elle a pour cause le fait de voyager entre l'étoile et l'observateur sur Terre. D'autre part, la variabilité intrinsèque a pour cause le grossissement et le rétrécissement de l'étoile. Si la variabilité est trop grande, les conditions de la vie ne resteront pas stables suffisamment longtemps pour que la vie prenne forme.

LE PROJET PHOENIX

La recherche de la vie extra-terrestre a commencé, sous sa forme actuelle, avec la NASA qui, en 1988, a commencé à financer la recherche de la vie dans toutes les étendues du ciel. Ce fut probablement une coïncidence que cette recherche a commencée en

1992, soit cinq cents ans après l'arrivée de Christophe Colomb dans le Nouveau Monde. Un an plus tard, le Congrès américain a mis fin au financement. Le SETI n'était pas prêt à abandonner l'affaire et ses membres ont cherché des sources alternatives de financement pour poursuivre cette recherche. Une grande partie des financements initiaux provenait et proviennent toujours, de dons du public. Il existe plus de 100 projets actifs à l'heure actuelle; certains d'entre eux sont de simples projets astronomiques et de planétologie, certains concernent l'évolution des éléments et d'autres substances chimiques et certains sont liés aux recherches sur le changement climatique. Sans aucun doute, les projets qui ont attiré l'attention du public sont ceux qui concernent la recherche de la vie dans l'univers.

Lorsque la NASA a retiré son financement à la demande du Congrès américain, on a donné à la recherche le nom de Projet Phoenix, peut-être comme référence ironique à sa renaissance de ses cendres. Au départ, le projet Phoenix utilisait la plus grande antenne de radiotélescope au monde pour examiner des zones dans l'espace situées autour du millier d'étoiles les plus proches de la Terre dont les caractéristiques laissaient à penser qu'elles étaient comparables au Soleil.

L'Institut SETI s'est joint à un projet commun avec l'Université de Californie à Berkeley afin de construire 42 télescopes distincts reliés entre eux pour fonctionner comme un seul télescope gigantesque. Il a été nommé l'Allen Telescope Array en l'honneur de Paul Allen, le cofondateur de Microsoft et principal mécène de ce projet. Son objectif est de surveiller un million d'étoiles à la recherche de signaux radio d'origine extraterrestre sur une période de deux décennies.

Désormais, des réseaux de télescopes dans le monde entier font partie de cette recherche et le SETI communique rapidement tout nouveau candidat possible afin que le plus d'astronomes possible puissent braquer leur équipement sur ce point pour découvrir ce qu'il y a à découvrir.

CE QUE PENSENT LES SCIENTIFIQUES ET CE QUE PENSE LE PUBLIC

Pour un scientifique, la découverte du plus simple des microbes serait démesurément fascinante. Cela ne veut pas nécessairement dire que le microbe a été créé sur cette planète; il a pu l'être ou il peut aussi avoir voyagé avec une comète ou un astéroïde. Il peut même y avoir été laissé par un visiteur d'une autre planète qui est y arrivé enrhumé. Quoi qu'il en soit, un microbe est une forme de vie, bien qu'une forme très simple. Cela permettraient aux scientifiques de confirmer qu'une exoplanète est capable d'héberger la vie. Un prix Nobel pourrait bien être attribué pour cette trouvaille à la personne qui a découvert ce microbe.

Cependant, pour le grand public, cette découverte, bien qu'on ne puisse douter de son importante, ne serait pas la découverte qu'il ou elle espère. Après tout, un microbe! « J'en ai eu des tas l'hiver dernier quand j'ai eu la grippe. D'ailleurs, j'en ai environ 100 billions à l'intérieur de mon propre corps et de façon générale, ils ne me causent aucun problème. Retournez au boulot et continuez de chercher. Et cette fois, ramenez-moi ce dont j'ai envie d'entendre parler. »

Voilà qui résume parfaitement la différence entre deux catégories de vie extra-terrestre. D'un côté, toute forme de vie, aussi simples soient-elles. De l'autre, des civilisations avancées.

Étant donné que les microbes ne sont pas capables d'assembler des émetteurs et d'envoyer des signaux dans l'espace, aucun réseau de radiotélescopes, aussi vaste et techniquement poussé soit-il, ne peut découvrir leur existence. Ce que cherche le SETI, c'est la preuve qu'une autre forme de vie a évolué au moins jusqu'au stade où l'être humain l'a fait sur Terre. Le chapitre 1 décrit les différentes formes que pourraient avoir de telles formes de vie et émet l'avertissement que les « personnes » qui ont construit une telle civilisation pourraient ne ressembler en rien aux humains. Ils pourraient, en vérité, avoir une forme que les humains trouveraient répugnante.

Pour un scientifique, là n'est pas la question.

Ça ne serait pas non plus la question pour un certain nombre d'autres individus. Une réévaluation des croyances religieuses serait de mise. Cela ne signifie pas que le concept de religion serait réfuté. Divers scénarios peuvent être imaginés dans lesquels la preuve de la vie sur une exoplanète et la forme qu'elle adopte corrobore la religion, bien qu'elle exigerait très certainement certaines modifications de la doctrine actuelle. Les humanistes, eux aussi, pourraient être amenés à repenser les choses. S'il s'avérait que les civilisations les plus accomplies et les plus avancées sont celles qui se comportent de manière altruiste, voilà qui enverrait un message bien précis aux terriens. Si, d'un autre côté, leur succès et leur développement étaient basés sur des guerres continues, ce message serait très différent.

QUE POUVONS-NOUS ESPÉRER APPRENDRE?

Quelle est cependant la probabilité de découvrir qu'une civilisation existe sur une autre planète et qu'elle envoie un message de ce genre? Si la planète en question était présente dans le même système solaire que la Terre, sa proximité pourrait nous permettre d'en apprendre plus que le simple fait que cette civilisation existe. Ce n'est toutefois pas le cas. Il existe trois planètes à l'intérieur de la zone habitable de notre soleil : la Terre, Mars et Vénus. La civilisation est présente sur la Terre. Elle n'est pas présente sur Mars ou Vénus. Cela n'est plus vraiment un sujet contentieux. HG Wells a publié La Guerre des Mondes en 1897. Des télescopes assez puissants existaient à l'époque sur Terre, mais pas suffisamment pour trancher la question. Les astronomes disposent maintenant de dispositifs beaucoup plus puissants et la NASA a survolé Mars et Vénus pour étudier ces deux planète, dont Mars de façon détaillée. L'hypothèse qu'elles pourraient abriter des civilisations souterraines ne tient pas et si elles étaient situées à la surface de la planète, elles auraient déjà été aperçues et photographiées. Il y aura probablement toujours quelques conspirationnistes pour croire que le gouvernement nous cache des vérités qui pourraient nous affoler, mais ils ne méritent pas qu'on les prenne au sérieux.

Si une telle civilisation existe, où donc pourrions-nous la trouver, si ce n'est sur Mars ou Vénus?

La réponse est la suivante : trop loin pour permettre tout échange notoire d'informations. L'étoile la plus proche de la Terre, qui est dans ce cas un système composé de trois étoiles, est Alpha Centauri. Elle se situe à 4,3 années-lumière. Astronomiquement parlant, cela ne représente pas une très grande distance. Si le système d'Alpha Centauri possède une zone habitable avec une exoplanète dans cette zone habitable, alors si une civilisation avancée s'y est établie (et ce sont de grands « si »), il faudrait alors plus de quatre ans pour qu'un signal couvre la distance séparant la Terre de cette planète et plus de quatre ans pour qu'une réponse nous parvienne. De plus, il faut se demander comment la Terre pourrait formuler une phrase ou question qui puisse être comprise par quelqu'un vivant dans l'orbite d'Alpha Centauri et comment ils pourraient formuler une réponse telle que nous comprenions ce qu'ils nous disent.

Mais cela suppose que ce qui est du domaine du possible de nos jours pour une civilisation sur Terre l'est pour des civilisations avancées ailleurs. Ce qui n'est pas nécessairement le cas. Les civilisations de la zone habitable d'Alpha Centauri ont peut-être déjà développé des moyens de communication d'une vitesse dont les peuples de Terre ne peuvent que rêver. Il se peut qu'ils aient également développé la capacité de voyager à des vitesses qui sont pour nous inimaginables.

Ces questions constitueront une grande partie du reste de ce livre.

Ne vous y trompez pas : la recherche continuera. Rien n'a été trouvé pour l'instant, mais comme l'a dit l'Institut SETI lui-même, « l'Institut SETI a l'intention de continuer la recherche. Inutile de préciser que l'avancée des technologies et les nouvelles découvertes scientifiques auront une influence sur les stratégies futures du SETI. Christophe Colomb n'a pas fait demi-tour lorsqu'il n'a pas découvert de nouvelles terres pendant ses premiers jours en mer.

CHAPITRE 3

L'ÉCHELLE DE KARDASHEV

Le chapitre 2 a mentionné des « civilisations » et des « civilisations avancées ». Comment pourrions-nous départager le niveau d'évolution de différentes civilisations hypothétiques? L'échelle de Kardashev est une méthode de classement des civilisations. Cette échelle a été largement adoptée par les chercheurs du projet SETI et les futurologues, bien que l'existence de civilisations extraterrestres reste encore hypothétique.

Nikolai Kardashev est un astrophysicien russe (toujours vivant en 2017, à l'âge de 85 ans). Né à Moscou en 1932, il a reçu un diplôme de l'Université d'État de Moscou à l'âge de vingt-deux ans et a commencé des études de troisième cycle à l'Institut astronomique de l'université Sternberg, achevant son doctorat en sciences physiques et mathématiques en 1962.

En 1963, Kardashev a pris part à la première recherche russe d'intelligence extra-terrestre. En examinant quasar CTA-102, il a formulé ses idées sur l'aspect que pourraient avoir des civilisations extra-terrestres. Elles pourraient, s'est-il rendu compte, avoir une avance sur la Terre de l'ordre de millions, voire de milliards d'années. Il a mis au point l'échelle de Kardashev pour définir les différents niveaux de civilisation possibles en fonction de leur niveau technologique et de leur consommation énergétique. L'échelle de Kardashev originale propose une classification en trois niveaux. Les chercheurs qui ont suivi en ont ajouté d'autres.

Selon Kardashev, le niveau atteint par une civilisation peut être mesuré par la quantité d'énergie qu'elle consomme. En plus de l'énergie, Kardashev s'est concentré sur les technologies de communication. Les chercheurs qui lui ont succédé ont également inclus d'autres facteurs. Dans son article, *Transmission de l'information par une civilisation extra-terrestre,* Kardashev a déclaré qu'une civilisation avancée serait en mesure de transmettre des signaux radio dans l'espace sur de grandes distances. Les niveaux de civilisation qu'il a définis sont:

- **Civilisations de type 0**. Il ne s'agit pas, en réalité, d'une des trois civilisations de base établies par Kardashev; nous l'incluons ici parce que c'est là que se situe actuellement la Terre.

- **Civilisations de type I**, ou civilisations planétaires. Elles sont capables d'utiliser toute l'énergie disponible sur leur propre planète. Cela veut dire toute l'énergie que la planète est capable de produire ainsi que toute l'énergie (comme l'énergie solaire) qui lui parvient depuis l'espace. C'est le niveau auquel la Terre est presque parvenue, bien que l'opinion prévalente soit qu'une vraie civilisation de type I aurait aussi dû développer la capacité de contrôler notamment les volcans, les conditions météorologiques et les tremblements de terre et qu'elle serait probablement en train de bâtir des villes dans les océans. Clairement donc, la Terre n'a pas encore atteint le niveau d'une civilisation de Type I; Carl Sagan a situé le niveau de développement actuel de la Terre à soixante-dix pour cent du Type I, de sorte que la Terre est, en réalité, une **civilisation de Type 0**.

- **Civilisations de type II**. Elles ont atteint un niveau auquel elles peuvent tirer parti de toute l'énergie de leur étoile, pas seulement l'énergie solaire qui parvient jusqu'à leur planète depuis l'étoile. Les étoiles, bien sûr, émettent de l'énergie dans toutes les directions et les planètes dans leur orbite ne reçoivent qu'une modeste fraction du total. Par conséquent, comment une planète serait-elle en mesure de récolter l'intégralité de l'énergie émise est un défi intéressant. En 1960, Freeman Dyson a avancé l'idée de la sphère de Dyson, une structure qui engloberait complètement une étoile, capturerait toute l'énergie qu'elle émettrait et la transfèrerait à la planète mère. Une question tangentielle se pose alors : que se passerait-il si deux planètes en orbite autour d'une étoile abritaient toutes deux des civilisations avancées et que l'une d'elles construisait une sphère de Dyson? Voilà qui rendrait les disputes auxquelles nous assistons parfois sur Terre au sujet de l'eau détournée bien insignifiantes. Bien que la possibilité qu'il existe deux civilisations avancées au sein d'un même système solaire est peut-être un peu fantaisiste, une question plus intéressante serait : que se passe-t-il pour les autres planètes lorsqu'elles n'ont soudainement plus accès à l'énergie solaire parce qu'elle a été accaparée par la civilisation avancée qui vit dans le même milieu qu'elles? On peut supposer que toutes formes de vie primitives existant sur ces planètes seraient éradiquées. On peut imaginer l'existence d'une civilisation de type II dont les normes éthiques seraient si élevées qu'elle se sentirait incapable de le faire. D'ailleurs, plusieurs partis écologiques ici sur Terre s'y opposeraient très probablement. La situation pourrait ressembler au retard dans la construction de nouveaux logements causé par la recherche d'un nouveau foyer pour le Grand Triton Crêté, mais à l'échelle cosmique. (Si vous trouvez ça amusant, gardez en mémoire que les « personnes » de la civilisation de Type II pourrait ressembler bien plus au Grand Triton Crêté qu'à vous-même).

De toute évidence, une sphère de Dyson aurait une taille immense. Freeman Dyson lui-même a suggéré qu'elle recouvrirait une zone représentant 600 millions de fois celle de la surface de la Terre. Leur dimension envisagée les rendrait plus faciles à détecter, ce qui suscite l'espoir chez ceux qui poursuivent la quête de la vie extra-terrestre en cherchant dans l'espace est une sphère de Dyson. Il est peu probable qu'il s'agisse de quelque chose qui soit là par accident. Si nous en apercevons une, nous pouvons être à peu près certains que nos yeux se sont posés sur quelque chose qui a été construit par une civilisation extra-terrestre très avancée.

À quelle distance sommes-nous en tant que terriens de devenir une civilisation de type II, capable de construire une sphère de Dyson? Bien loin du compte, en ce qui concerne cette question-là; il est estimé que nous pourrions être en mesure de construire une telle structure et par conséquent en mesure d'utiliser l'intégralité de l'énergie produite par le Soleil d'ici 1 000 à 2 000 ans. Il y a 1 000 ans, les Chinois étaient les premiers à utiliser la poudre à canon dans un champ de bataille. Il semble qu'aux alentours de 1130, des tubes de bambou remplis de poudre noire servirent de lance-flammes! En 1017, le roi Knut le Grand épousait Emma de Normandie, ce qui mènera éventuellement à l'invasion de l'Angleterre par les Normands en 1066. L'empereur Hadrien instaurait le premier système postal de l'histoire et construisait un mur entre l'Angleterre et l'Écosse. Un millier d'années, c'est peu. Vous ne serez pas là pour y assister, mais cela reste encore dans le domaine de ce qui est imaginable. C'est dans le chemin qui nous mène vers une civilisation de type III que le nombre d'années dont il est question devient monstrueux.

- **Civilisations de type III**. Il se peut qu'elles aient au moins 100 000 ans d'avance sur nous, voir beaucoup plus. Une civilisation de Type I est capable d'utiliser toute l'énergie offerte par sa planète. Une civilisation de type II peut utiliser toute l'énergie produite par son étoile. Une civilisation de type III, quant à elle, peut utiliser toute l'énergie produite par sa propre galaxie. Il s'agit là d'un énorme bond en avant. Chaque étoile d'une galaxie génère de grandes quantités d'énergie. Une civilisation de Type III doit être capable d'en capturer et d'en utiliser l'intégralité. De combien d'étoiles s'agit-il? Il est bien plus difficile qu'on ne peut l'imaginer de compter le nombre d'étoiles dans une galaxie. Personne n'a encore trouvé de moyen de les compter individuellement, notamment parce que personne n'a encore trouvé le moyen de les *voir* individuellement. Si vous effectuez la recherche Google suivante : « Combien d'étoiles y a-t-il dans la Voie lactée? », vous obtiendriez un éventail de réponses assez vaste. Peut-être 100 milliards, peut-être 400 milliards, peut-être quelque chose de complètement différent, car personne ne le sait actuellement avec certitude. Pour quantifier le nombre d'étoiles dans une Galaxie, les astronomes mesurent la masse d'une galaxie (là aussi il ne s'agit pas d'une science exacte) et émettent quelques hypothèses afin de déduire le nombre d'étoiles que représente cette masse (en gardant à l'esprit que la grande majorité de la masse est en réalité de la matière noire, là encore un autre mystère).

Quelque chose dont nous pouvons être sûrs néanmoins, c'est qu'il n'existe pas de civilisation de type III dans notre galaxie. Comment pouvons-nous en être si sûrs? Parce que si c'était le cas, ils auraient monopolisé l'énergie de chaque étoile de la Voie lactée, dont notre Soleil. Nous ne disposerions d'aucune énergie solaire et nous aurions tous disparu. Que nous arriverait-il si une civilisation si avancée vivant quelque part dans notre galaxie était sur le point de passer au Type III? Alors, cela sonnerait le glas pour nous tous. Toutefois, pour qu'il y ait une chance que cela se produise, il faudrait qu'une civilisation de Type II vive dans la Voie lactée (notre galaxie) depuis au moins mille siècles. Nous aurions alors aperçu leur sphère de Dyson. Nous n'avons donc pas à nous inquiéter pour le moment.

Quand notre civilisation terrestre se transformera en civilisation de Type III, il est probable qu'il ne s'agira plus du tout d'une civilisation humaine. Les humains auront disparu, remplacés par une forme d'être mécanique. Il reste pas mal de choses à dire sur ce sujet avant de conclure ce chapitre, mais avant de le faire, passons en revue ce que d'autres théoriciens ont suggéré d'ajouter à l'échelle de Kardashev.

Kardashev a énuméré seulement les trois types de civilisations, décrites ci-dessus. D'autres personnes en ont proposé davantage.

- Une **civilisation de Type IV** exploiterait non seulement l'énergie d'une galaxie entière, mais celle d'un univers entier.

- Une **civilisation de type V** considèrerait cela comme quelque chose de dépassé et tirerait son énergie de plusieurs univers, un « multivers ».

- Une **civilisation de type VI** aurait évolué au point de prendre le contrôle de l'espace et du temps. Entre autres choses, elle serait capable de créer de nouveaux univers. Ce qui pourrait s'avérer utile, puisqu'il est probable que lorsque la Terre aura atteint le zénith d'une civilisation de type VI, tellement de millénaires se seront écoulés que toutes les étoiles de cet univers auront brûlé et seront désormais mortes et gelées. Les descendants des Terriens auront besoin de quelque chose d'autre pour survivre.

Il s'avère même que certains scientifiques ont décidé d'ajouter une civilisation de type VII à l'échelle de Kardashev. Quelles capacités posséderait une civilisation de type VII? Rien que d'y penser serait un exercice bien futile.

Revenons à cette civilisation de type III, et à ces mots:

« QUAND NOTRE CIVILISATION TERRESTRE SE TRANSFORMERA EN CIVILISATION DE TYPE III, IL EST PROBABLE QU'IL NE S'AGIRA PLUS DU TOUT D'UNE CIVILISATION HUMAINE. »

Qu'est-ce que cela veut bien dire? Nous y reviendrons au chapitre 9, mais voici quelques-unes des idées qui sont évoquées.

LE DÉVELOPPEMENT DE L'IA

Il y a près de soixante-dix ans de cela, Alan Turing a élaboré le test de Turing, qui constituait en une conversation en « langage naturel » entre un humain et une machine, sous la surveillance d'un évaluateur humain. L'évaluateur saurait que l'un des interlocuteurs dans cette conversation est une machine, mais pas lequel. La conversation se déroulerait sur un écran afin que l'évaluateur ne puisse utiliser la voix synthétique comme indice. Si l'évaluateur n'est pas en mesure de dire quel interlocuteur est une machine et lequel est un humain, la machine aurait alors passé le test de Turing, elle serait capable de manifester un comportement intelligent égal ou indiscernable à celui d'un humain.

L'évaluateur n'aurait pas à décider si les affirmations de la conversation sont vraies (ce qui pourrait éviter à l'humain une certaine mesure d'embarras); seulement si l'affirmation avait pu être énoncée par un humain aussi facilement que par une machine.

En résumé, voici la définition de l'IA (intelligence artificielle). L'IA en est encore à ses balbutiements sur Terre. Pourtant, elle est déjà beaucoup plus omniprésente que la plupart des gens ne se rendent probablement compte. L'IA, ce n'est pas seulement de très bons algorithmes, du genre que Google utilise pour décider vers quels sites Web vous orienter lorsque vous lui posez une question. L'IA, la vraie IA, est capable d'apprendre sans aucune aide. Il existe déjà, ici sur Terre, des exemples d'IA qui en sont capables.

Google possède DeepMind. Celui-ci est capable d'extraire des significations et d'établir des connexions sans s'appuyer sur des algorithmes pour le faire. Plus on en fait usage, plus il est intelligent. Il « *apprend* » au fur et à mesure. Les calculateurs quantiques (qui fonctionnent d'une manière totalement différente des ordinateurs en binaire auxquels nous sommes habitués) n'en sont qu'à leurs débuts, mais des prototypes existent déjà et les calculateurs quantiques permettront probablement de répondre à plusieurs des questions les plus complexes auxquelles l'humanité fait face. Si les humains seront satisfaits des réponses à ces questions est un autre problème. Tous ceux qui possèdent un ordinateur Apple connaissent Siri et plus vous utilisez Siri, plus elle devient intelligente, car Siri, comme DeepMind, apprend progressivement. Tout comme un assistant de direction. Amazon possède Alexa, qui est tout aussi brillante, bien que son véritable but soit, bien entendu, de rendre Amazon encore plus riche et puissant qu'il ne l'est déjà.

C'est là où le problème se pose. On pourrait énumérer bien plus d'exemples de systèmes d'IA qui, bien qu'ils n'en soient aujourd'hui qu'à leurs débuts, sont capables de transformer le monde ainsi que la vie des humains et des autres créatures qui y vivent. La question n'est pas: « Les humains vont-ils construire des systèmes d'intelligence artificielle plus importants et plus compétents? » La réponse à cette question est en effet : oui. Ils vont le faire. La question qui doit être posée est : « Alors que les systèmes d'intelligence artificielle deviennent inéluctablement plus importants et plus compétents, sera-t-il possible de les contrôler? » Seront-ils utilisés pour le bien de l'humanité tout entière? Avant que vous ne répondiez positivement et avec optimisme à cette question, il faut garder plusieurs choses à l'esprit. Les États-Unis possèderont des systèmes avancés d'intelligence artificielle. La Russie de même l'Europe, la Corée du Nord, l'Arabie Saoudite et l'Iran également.

Toujours optimiste? Le professeur Stephen Hawking ne l'était pas. Dans une interview avec la BBC, il a déclaré: « Je pense que le développement d'une intelligence artificielle complète pourrait signifier la fin de la race humaine. »

Toutefois, il ne voulait pas simplement dire que des idéologies en compétition utiliseraient l'IA afin de se détruire mutuellement, même si cela constitue une éventualité notable. Ce qu'il disait, c'est que « l'IA prendra son envol toute seule et se redessinera à un rythme de plus en plus rapide. Les humains, limités par une évolution biologique lente, ne pourront alors pas rivaliser avec elle et seront supplantés. »

Le cerveau humain est quelque chose de tout à fait remarquable. La vitesse de calcul est mesurée en opération en virgule flottante par seconde (*floating-point operation per second* - flops) et un humain particulièrement vif d'esprit et intelligent peut atteindre 1 trillion de flops, ce qui semble assez incroyable, jusqu'à ce que vous vous rendiez compte que les supercalculateurs les plus rapides de 2017 sont capables d'exécuter près de 100 quadrillions de flops. De plus, leur vitesse ne fait que s'améliorer. Ce qui n'est pas le cas du cerveau humain.

OPENWORM

Les deux composants les plus importants du cerveau sont les neurones et les synapses. Un neurone est une cellule et une synapse est une connexion entre des neurones. Le cerveau humain est constitué d'environ 100 milliards de neurones reliés entre eux par près de 60 trillions de synapses. La science du cerveau n'en est encore qu'à ses débuts, mais la compréhension du cerveau ne fait que s'améliorer. OpenWorm est un projet de cartographie des synapses, les connexions, dans l'un des plus petits cerveaux que nous connaissons, le cerveau du *Caenorhabditis Elegans.* Ce ver rond est d'une longueur d'un millimètre et son cerveau ne contient que 302 synapses.

Après avoir cartographié toutes ces connexions, les chercheurs ont fabriqué un petit robot fait de Lego. Ils y ont mis des moteurs et des capteurs sensibles au son et au toucher. Ils l'ont également pourvu d'un réseau de neurones et de synapses correspondant exactement à celui du *Caenorhabditis Elegans.*

Mis à part la recherche complexe sur les connexions (et imaginez à quel point l'étude du cerveau humain, qui est bien plus grand, sera plus complexe), ce qu'il y a de plus intéressant dans cette étude, c'est que les scientifiques n'ont donné aucune instruction au robot. Ils ne lui ont pas dit de faire quoi que ce soit. Pourtant il en a fait des choses. Ce qu'il a fait, c'est précisément ce dont on pourrait s'attendre d'un *Caenorhabditis Elegans*. En touchant un capteur de nourriture, le robot avançait, comme le ver l'aurait fait à la recherche de nourriture. En touchant ce qu'il considérait être son nez, il arrêtait d'avancer. En touchant d'autres capteurs le robot se déplaçait dans différentes directions, tel que le ver l'aurait fait.

La conclusion semble être que ce qui fait d'un ver un ver est l'assemblage de neurones dans son cerveau et la façon dont ils sont connectés. Quelle raison y aurait-il de penser que cela ne définisse pas également ce qui fait d'un humain un humain?

Que se passerait-il si vous prenez tous les neurones et synapses du cerveau humain et que, comme le projet OpenWorm l'a fait avec *Caenorhabditis Elegans*, vous les reproduisez exactement dans un robot? Plusieurs théories existent sur ce sujet. La singularité est l'une d'entre elles.

LA SINGULARITÉ

La Singularité (ou de son nom complet, la singularité technologique) est une théorie selon laquelle l'IA, comme elle sera la source d'une croissance technologique qui surpassera tout ce qui n'a jamais été observé dans notre histoire, transformera la civilisation humaine d'une façon qu'il est difficile ne serait-ce que d'imaginer. Par exemple, un ordinateur doté d'IA se reprogrammera tout seul et, ce faisant, sera susceptible de se reprogrammer de façon cyclique. Le terme a été utilisé pour la première fois par John von Neumann, qui a dit il y a soixante ans : « Le progrès accéléré de la technologie et les changements dans les modes de vie humains laissent penser qu'une singularité essentielle dans l'histoire de notre race approche, après laquelle les affaires humaines, telles que nous les concevons, ne pourront plus continuer. »

Les auteurs de science-fiction peuvent s'en donner à cœur joie grâce à cette idée, mais il est possible que la science-fiction devienne un fait scientifique. L'idée qu'une super-intelligence, une fois créée, continuerait de s'améliorer toute seule constitue une étape possible dans le développement de créatures que nous pourrions considérer comme post-humaines ou pouvant appartenir à une classe radicalement différente. Elles pourraient bien être les créatures qui créeront des sphères de Dyson autour d'étoiles si lointaines qu'aucun humain (dans notre compréhension actuelle du terme) ne pourrait les atteindre. En d'autres termes, ces créatures, ayant à l'origine émergés de la race humaine, pourraient développer des civilisations de type II et de type III sans nous ressembler ni ressembler au Grand Crêté. Elles pourraient, par exemple, ressembler à des ordinateurs dotés de capteurs, de mains et d'une forme de locomotion. Elles pourraient aussi ressembler à quelque chose qui est pour l'instant inimaginable pour un esprit humain.

Tout cela ne concerne que l'intelligence. Pourtant les humains sont bien plus qu'une intelligence. Les sentiments et les émotions ne sont pas encore entrés en compte dans cette discussion. Qu'en est-il de l'amour? De la haine? De l'altruisme? De la compétitivité? Ces choses-là et bien d'autres encore sont toutes présentes chez l'être humain. Ces sentiments et émotions font aussi partie de ces opérations en virgule flottante par seconde d'une vitesse inimaginable qui se trouvent quelque part au milieu de ces 100 milliards de neurones et de ces 60 billions de synapses humaines. Il est peu probable que ces choses-là soient laissées de côté si (quand) les humains transféreront dans d'autres formes de vie l'essence de ce qui fait d'eux ce qu'ils sont.

Voilà qui n'est pas une source de grand réconfort. La vie humaine, depuis son origine, semble avoir été marquée par le tribalisme et le désir de conquête. Ces choses-là sont si profondément intégrées à l'histoire humaine que nous devons supposer qu'elles font partie de ce qui fait que les humains sont ce qu'ils sont. Peut-être qu'après la singularité, alors que les super-intelligences dans lesquelles l'humanité s'est transmuée se développeront à des niveaux d'intelligence toujours plus avancés, elles se rendront compte que notre avenir réside dans la coopération, dans le fait de s'assurer que l'égalité règne et que personne ne soit exclu. Il est aussi possible que ce ne soit pas le cas. Peut-être que ce que ces super-intelligences développeront seront des moyens encore plus efficaces de conquérir et de détruire tout ce qu'ils considèrent étant un adversaire potentiel.

Est-ce être excessivement pessimiste? Pas si on utilise l'histoire du monde comme point de référence. Il est temps de réfléchir à cette problématique, car on estime aujourd'hui que la Singularité pourrait avoir lieu en 2040. Ce qui n'est pas si loin que ça.

Tout lecteur qui voudrait dès lors être rassuré serait heureux d'apprendre que de nombreux chercheurs pensent que la singularité n'aura pas lieu. Il y a une autre chose qu'il faut garder en tête avant que la race humaine ne décide de transférer tout ce qu'elle considère comme étant l'être humain à l'intérieur de machines. Ce quelque chose, ce sont les éruptions solaires.

LES ÉRUPTIONS SOLAIRES

Notre soleil n'est pas un endroit paisible. Ce n'est pas un four bien réglé. Le soleil est en proie à une « météo » et elle peut parfois être orageuse. Elle fonctionne selon un certain nombre de cycles. Certains de ces cycles durent quelques secondes, certains durent des milliards d'années, et la plupart sont une durée comprise entre ces deux extrêmes. Nous ne connaissons pas la durée de tous ces cycles-là.

Cela veut notamment dire que nous ne savons pas avec quelle fréquence on peut s'attendre à de grandes éruptions solaires. Nous savons cependant qu'elles adviennent. Les éruptions solaires sont des phénomènes assez fréquents. Une éruption est une émission soudaine de radiation plus puissante que les radiations qu'émet normalement le soleil.

Un autre phénomène qui peut avoir lieu en conjonction avec une éruption solaire, mais qui peut également se produire tout seul, est une éjection de masse coronale (*coronal mass ejection* - CME). La couronne correspond à l'atmosphère extérieure du soleil et une CME est une décharge soudaine et violente de matière, allant jusqu'à un milliard de tonnes, à des vitesses pouvant atteindre plusieurs millions de kilomètres par heure. Visuellement, elles sont aussi spectaculaires qu'on l'imagine et tout corps planétaire se trouvant sur sa trajectoire en ressentira l'impact. Ce qui vaut également pour les vaisseaux spatiaux. Cela constitue l'un des deux problèmes qui pourraient sérieusement limiter l'évolution d'une civilisation vers le type II.

Supposons que les robots humains dont nous avons parlé ci-dessus se trouvent dans l'espace en train de construire des sphères de Dyson lorsqu'une CME les surprend tandis qu'ils sont dans leur vaisseau. Tous les systèmes électroniques du vaisseau spatial et des robots seront hors service. Supposons maintenant qu'une éruption bien plus importante que celles que la Terre a connues dans le siècle passé se produise. Les éruptions émettent de nombreuses formes de radiations, y compris des rayons X et des rayons UV. La plus grande éruption ayant touché la Terre qui ait été enregistrée s'est produite en 1859, mais il s'en est assurément produit beaucoup d'autres avant ça. Celle de 1859 a été appelée le « Carrington Event » en l'honneur de l'astronome Richard Carrington. Selon les comptes-rendus de l'époque, l'éruption a généré des incendies sur Terre et a fait fondre les câbles des poteaux télégraphiques. Aujourd'hui l'impact d'une éruption de cette amplitude serait beaucoup plus important, car elle rendrait inutilisables tous les circuits intégrés qui se trouvent sur Terre. Les banques ne seraient plus en mesure de fonctionner. Les systèmes de contrôle des armes de toutes les armées avancées du monde, les transports, les systèmes de navigation, la gestion de toutes les organisations et entreprises qui fonctionnent grâce à des ordinateurs ne fonctionneraient plus. Aujourd'hui, il est difficile de trouver une organisation ou une entreprise qui pourrait être épargnée par une éruption solaire de cette ampleur. Personne ne serait payé et le seul moyen d'acheter quoi que ce soit serait de faire du troc. Il n'y aurait pas de contrôle de la circulation aérienne et tous ceux qui se trouveraient dans les airs à ce moment précis auraient besoin de beaucoup de chance pour atterrir en toute sécurité.

En somme, plutôt que de réfléchir aux meilleurs moyens d'enjamber les vingt-neuf années qui la séparent d'une civilisation de Type I, la Terre serait à nouveau plongée dans le Moyen Âge.

1859, c'était il y a longtemps de cela. Cela veut-il dire que les éruptions de ce type sont rares? Pas du tout. Elles se produisent tout le temps. La plupart d'entre elles s'éloignent du soleil dans une direction autre que celle qui les mènerait vers la Terre, mais cela ne saurait durer éternellement. Une collision avec la Terre a été évitée de justesse en juillet 2012. Il y a alors eu une éruption qui aurait pu avoir comme conséquences toutes celles que nous venons de décrire et elle nous a manqué, selon la NASA, de très peu. La prochaine fois, la Terre sera peut-être moins chanceuse.

Des éruptions de ce genre sont émises par les étoiles partout dans l'univers. Il est impossible à l'heure actuelle de dire dans quelle mesure les futurs astronautes des civilisations de type II ou de type III seront à même de protéger leurs vaisseaux spatiaux contre elles. Nous devons supposer qu'une telle protection sera un jour possible, tout comme les embarcations maritimes d'aujourd'hui ne sont pas vulnérables aux mêmes dangers que rencontraient les pirates de Byzance. Dans le cas contraire, il n'y aura pas de civilisations de type II ou de type III. (Peut-être qu'il n'en existe pas. Peut-être que les éruptions solaires sont la raison pour laquelle il n'en existe pas).

POURQUOI L'ÉCHELLE DE KARDASHEV EST-ELLE IMPORTANTE?

L'échelle de Kardashev est importante, non pas parce qu'il s'agit une description précise de trois niveaux spécifiques de civilisation qui puissent exister dans l'univers, mais parce qu'elle nous permet de réfléchir à ce que le SETI devrait rechercher. Si vous n'êtes pas capable de définir quelque chose, vous ne pouvez pas l'apercevoir. En 2015, l'astronome serbe MM Cirkovic a publié une étude décrivant l'œuvre originale de Kardashev comme étant « un bon véhicule pouvant être amélioré ». Il cite Héraclite d'Éphèse affirmant il y a plus de 2500 ans que « Si on ne l'espère pas, on ne trouvera pas l'inespéré; car on ne peut le chercher, il n'est pas de voie vers lui. » Il a également répété un argument déjà avancé par Claude Lévi Strauss selon lequel Darwin n'aurait pas pu accomplir ce qu'il a accompli si von Linné n'avait pas déjà accompli ce qu'il a accompli. Carl von Linné, faut-il le rappeler, a établi la méthode de taxonomie toujours utilisée de nos jours. Peu importe que les théories de von Linné sur l'origine des espèces ne fussent pas en accord avec celles Darwin; ce qui importe, c'est que von Linné a fourni à Darwin un cadre à l'intérieur duquel Darwin a pu construire ses théories.

De la même manière, Cirkovic soutient que les chercheurs d'extra-terrestres ont besoin d'un cadre à l'intérieur duquel ils pourront travailler et que, s'ils n'en ont pas un, il se peut qu'ils passent à côté d'une civilisation extra-terrestre alors même qu'ils la regardent droit les yeux. Il présente ce qui suit comme étant les différentes sortes de recherche en cours qui sont toutes issues de l'échelle de Kardashev (il ne prétend pas qu'il s'agisse là d'une création originale, c'est un amalgame d'idées autour desquelles sont rassemblés un certain nombre de chercheurs dans ce domaine et il donc juste de dire que d'autres chercheurs ne sont pas en accord avec elles):

1. La recherche de traces de technologies que devrait posséder une civilisation plus avancée technologiquement que tout ce qui existe sur Terre actuellement. De telles traces pourraient être des artefacts, des produits manufacturés, une signature technique ou autre chose encore.

2. Des traces du développement (voir La Singularité ci-dessus) d'une civilisation de forme post-biologique et/ou super-intelligentes. De telles traces sont plus susceptibles de ressembler, par exemple, à la construction de sphères de Dyson, qu'à la découverte d'une personne bionique.

3. La volonté d'élargir l'éventail de cibles considérées comme étant susceptibles de refléter l'existence d'une civilisation extra-terrestre.

4. Une volonté de développer et d'élargir le domaine de l'astrobiologie et de nouer plus de contacts et de collaborations entre l'astrobiologie, la biologie de l'évolution, l'informatique et d'autres disciplines connexes.

Une autre chose dite par Cirkovic est que « les valeurs énergétiques à l'échelle de Kardashev ne devraient pas être prises à la lettre. » Il est utile pour les gens sur Terre d'utiliser la luminosité du soleil comme point de référence, parce que nous sommes familiers avec elle. D'ailleurs, les astronomes utilisent la luminosité du soleil comme unité de mesure de la luminosité des autres étoiles. Le fait est, cependant, que la plupart des étoiles de la Voie lactée sont moins lumineuses que le Soleil autour duquel orbite la Terre, ce qui est également vrai pour la plupart des étoiles qui possèdent une zone habitable contenant des exoplanètes habitables.

Autrement dit, utiliser l'échelle de Kardashev trop littéralement présente un risque. Cela est aussi vrai d'un certain nombre d'autres choses mentionnées dans ce livre. Le tribalisme et le désir de conquête ne sont pas les seules faiblesses qui existent sur cette planète. Le peuple de la Terre a aussi tendance à être arrogant à croire que « C'est ainsi que nous faisons les choses, c'est donc ainsi que les choses doivent être faites. »

Si la recherche de l'intelligence extra-terrestre aboutit un jour, alors égratigner cette arrogance pourrait être le plus grand cadeau que l'humanité recueille de cette découverte.

CHAPITRE 4

LA TERRE RARE

Beaucoup d'efforts et d'argent sont consacrés à la recherche d'intelligence extra-terrestre. Est-ce que tout cela n'est que gaspillage? Supposons qu'il n'y ait personne d'autre? Nulle part ailleurs que sur Terre? Nous n'avons pas encore découvert d'autres civilisations. Cela peut être lié au fait que nous n'avons pas cherché depuis assez longtemps. Il se peut aussi que nous n'avons pas sondé les bons endroits. Peut-être encore l'avons-nous fait, mais, sans rechercher les bonnes traces de la bonne façon, nous n'avons pas compris ce à quoi une autre civilisation pourrait ressembler. Enfin, nous n'ayons pas découvert d'autre civilisation peut-être tout simplement parce qu'il n'y en a pas. Il se peut que les planètes capables d'héberger des formes de vie complexes soient si rares que, pour des raisons d'ordre pratique, elles n'existent pas vraiment.

Il ne s'agit pas là d'une idée nouvelle. Le titre de ce chapitre est tiré d'un livre de Peter Ward et Donald E Brownlee qui en 2000, alors qu'ils étudiaient tous les deux à l'Université de Washington, ont publié un livre intitulé *La Terre Rare : Pourquoi la vie complexe est-elle rare dans l'univers.* Leur argument est que l'évolution de la vie multicellulaire sur cette planète a nécessité une combinaison de circonstances si improbable qu'il y a de bonnes chances que cela ne se soit jamais produit ailleurs dans l'univers. Les circonstances en question étant les circonstances géologiques et astrophysiques.

Avant de continuer, il ne faut pas oublier que les arguments ne sont pas toujours mis en avant uniquement pour leur valeur en elle-même. Peter Ward, par exemple, est devenu un nom important dans le domaine du changement climatique et en particulier sur la capacité des humains à l'influencer. (Il s'agit là de deux facettes d'une même idée : que le changement climatique ait lieu, comme c'est le cas depuis la création de la Terre, est indéniable. Ce qui est source de désaccords c'est dans quelle mesure les humains (a) sont responsables de ce changement et (b) ont le pouvoir de contrôler ce changement). Peter Ward utilise l'éventualité que le changement climatique mettra un terme à la vie sur Terre comme un moyen de promouvoir un ensemble particulier d'opinions. Peut-être a-t-il raison. Peut-être a-t-il tort. Là n'est pas le sujet de ce livre.

LE PARADOXE DE FERMI

Le physicien Enrico Fermi a prêté son nom au paradoxe de Fermi, bien qu'il n'ait pas été le premier à le décrire. Le paradoxe est le suivant : les estimations actuelles étayent la probabilité que des civilisations existent au-delà de cette planète. Dans ce cas, pourquoi personne sur Terre ne les a-t-il jamais aperçues? Cette galaxie contient à elle seule des milliards d'étoiles similaires à notre soleil et certaines d'entre elles sont bien plus anciennes (voir chapitre 8). Fermi et d'autres encore estiment qu'un grand nombre de ces étoiles possèdent des zones habitables et dans certaines d'entre elles, des planètes habitables. Comme nous l'avons vu dans les chapitres précédents, il a été démontré que ces estimations ont désormais été prouvées comme étant correctes. Où sont donc ces civilisations? Où sont ces extra-terrestres? Pourquoi aucun d'entre eux ne s'est-il manifesté dans le système solaire? C'est une question qui mérite d'être posée, car si notre expérience sur Terre nous a appris quelque chose, c'est que la vie intelligente est (a) susceptible de chercher de nouveaux habitats pour y vivre et (b) adepte quand il s'agit de surmonter les pénuries. Il devrait déjà y avoir des civilisations plus avancées que celles sur Terre en train de voyager dans l'espace et de coloniser de nouvelles planètes. Pourtant, aucune ne s'est encore fait remarquer. *La Terre Rare* cherche à savoir pourquoi et propose que, aussi grande que soit la probabilité que des civilisations extra-terrestres résident quelque part, en réalité elles n'existent pas.

Il est possible de donner au paradoxe de Fermi plus de déférence qu'il ne le mérite. Oui, il s'agit bien là d'une question qui doit être abordée. D'ailleurs, le but de tout ce livre est de le faire, mais certains disent que, quand on le fait passer d'une logique propositionnelle à une logique modale, ce paradoxe disparaît et qu'il n'en est en fait pas un.

LE PRINCIPE DE MÉDIOCRITÉ

Bien qu'il ne vienne pas de là, le principe de médiocrité est principalement utilisé pour parler de la façon dont le système solaire a évolué, de l'histoire de la Terre et d'où vient la complexité biologique ainsi que l'évolution des humains. En d'autres termes, il concerne en partie la place de la race humaine dans l'univers. Le mot « médiocrité », cependant, a une connotation si péjorative qu'il serait peut-être préférable de renommer le principe de médiocrité comme étant le principe de normalité et, plutôt de dire d'un phénomène qu'il est médiocre, qu'il est tout simplement normal. À la base du principe est l'idée qu'il est toujours préférable de supposer que quelque chose est un exemple de normalité et non pas qu'il est particulièrement spécial ou supérieur à la norme. Le principe de normalité ou de médiocrité affirme que, puisque la vie intelligente existe sur Terre, l'hypothèse devrait être qu'elle existe également sur des planètes semblables à la Terre à travers tout l'univers. Qu'en réalité, l'existence de formes de vie intelligentes sur des planètes capables de l'héberger est une norme et non une exception. Renommer le principe n'invalide cependant pas la question : si la vie intelligente est la norme, pourquoi n'a-t-elle jamais été aperçue ailleurs que sur Terre?

L'ACCUMULATION DES FACTEURS DE CHANCE

La Terre Rare a pour postulat de départ l'idée que, pour que des organismes biologiques complexes puissent évoluer, un grand nombre de circonstances chanceuses sont requises. L'une d'entre elles, voire deux ou trois d'entre elles, a pu se réaliser plusieurs fois à différents endroits de l'univers. Toutefois, ce qui s'est passé sur Terre, c'est que toutes ont été réunies, au même endroit et au même moment. Le théorème de *La Terre Rare* est que la probabilité que toutes ces circonstances se réalisent en même temps au même endroit est immensément invraisemblable.

Pour illustrer l'étendue des coïncidences et du hasard qui ont finalement conduit à l'évolution de l'humanité sur Terre, voici une liste qui est loin d'être exhaustive. Il y a cependant un argument, qui sera traité plus loin, mais qui doit au moins être mentionné dès maintenant, qui est le suivant : voilà ce qui est arrivé *sur Terre*. L'hypothèse la plus communément admise est que la vie intelligente n'aurait pas pu évoluer sur la planète X à moins que la planète X ne parcoure exactement la même série d'événements dans le même ordre et le même laps de temps. C'est une hypothèse que les scientifiques sur Terre sont enclins à faire, mais pour laquelle n'existe aucune justification logique. Il se pourrait que la vie intelligente ne puisse émerger que lorsque toutes ces choses-là ont lieu et en plus qu'ils ont lieu de la même façon. Il se pourrait aussi qu'il existe d'innombrables séries d'événements, dont certains complètements inconnus sur Terre et que les Terriens ne peuvent même pas imaginer, mais qui auraient elles aussi comme résultat l'émergence de la vie intelligente. Nous ne le savons pas et ce serait un nouvel exemple de l'arrogance humaine mentionnée précédemment dans cet ouvrage que de croire que nous le savons.

Cette réserve ayant été stipulé, voici la liste des évènements qui ont eu lieu sur Terre :

RETOUR SUR LA ZONE HABITABLE : LA TRINITÉ HABITABLE

Cela fait plus de 50 ans que l'idée de zone habitable a été mise de l'avant. Beaucoup plus récemment - 60 ans plus tard, en 2014 - James M. Dohm et Shigenori Maruyama du Earth-Life Science Institute de Tokyo ont suggéré que le concept original était insuffisant. Selon eux, le concept de zone habitable tel qu'il est habituellement défini ne fournit pas de critères suffisants pour pouvoir décider si une planète est habitable ou non. Ils ont suggéré de remplacer la zone habitable par la Trinité Habitable. Selon celle-ci, les conditions minimales pour que la vie existe et évolue sont : l'atmosphère, l'océan et la masse terrestre et toutes trois sont requises. (C'est pourquoi on fait souvent référence à des « planètes rocheuses avec de l'eau » comme lieux cibles dans la recherche de la vie.) Selon eux, « la présence d'un des composants n'est pas suffisante pour créer une planète habitable ». Ils suggèrent de plus que les scientifiques qui recherchent des planètes au-delà de notre système solaire qui pourraient héberger la vie devraient considérer la trinité habitable comme étant un « indice de base ». Ils attirent l'attention sur l'existence de technologies capables de caractériser la surface d'exoplanètes rocheuses via la lumière diffusée afin d'obtenir des informations sur la nature de sa surface, y compris des informations sur l'océan, le sol, la neige et la végétation.

À l'origine de cette idée est le fait que la vie (c'est-à-dire la vie telle que nous la connaissons, comme l'a dit le docteur Spock, qui n'a en vérité jamais dit: « C'est la vie, Jim, mais pas telle que nous la connaissons ») nécessite:

- De l'eau (dérivée de l'océan)
- Du carbone et de l'azote (dérivés de l'atmosphère)
- Des nutriments (dérivés à la fois de l'océan et plus important peut-être, de la masse continentale).

Ils analysent par la suite ce qui se passe sur Terre. À l'équateur, l'océan est réchauffé par le soleil et s'évapore pour former de la vapeur d'eau qui se déplace par convection partout autour du globe. À une hauteur plus élevée dans l'atmosphère, l'eau se transforme en glace et forme des nuages qui amèneront ensuite la pluie. La majorité de cette pluie tombe dans les contreforts des chaînes de montagnes, puisque lorsque l'air chaud et humide s'élève plus haut, il se rafraîchit et un air plus froid retient moins l'humidité qu'un air chaud. Il est donc logique que pour qu'une planète puisse donner naissance à la vie, elle doive avoir des montagnes, et s'il faut qu'elle ait des montagnes, cette planète nécessite également des plaques tectoniques, parce que c'est là où une plaque se presse contre une autre que les montagnes se forment. L'érosion des montagnes, si les bons types de roches sont présents, entraîne la production de nutriments qui sont entraînés dans les plaines par la pluie, les rendant fertiles. N'importe quel type de roche ne fera pas l'affaire; le basalte est utile, mais manque de certains des nutriments dont la vie a besoin. Le granit est une source plus avérée de nutriments et la Terre est riche en granite dans les zones montagneuses élevées, où l'érosion est la plus efficace. Les données que possèdent les géologues laissent à penser que les nutriments qui viennent de la masse continentale, sur Terre du moins, sont un million de fois plus abondantes que ceux qui viennent des dorsales médio-océaniques.

Reste la question du carbone et de l'azote. D'où viennent-ils? Actuellement, l'océan est chargé en composés de carbone et d'azote, mais dans l'ère du Cambrien, quand la vie s'est développée sur Terre, le carbone et l'azote situés dans les tout premiers océans auraient été insuffisamment solubles. Le carbone et l'azote dont la vie a besoin venaient alors de l'atmosphère. Le dioxyde de carbone est aujourd'hui présent dans l'atmosphère à hauteur seulement de 400 parties par million (ce qui est une bonne chose, puisque la vie humaine ne pourrait pas survivre dans l'hypothèse de niveaux très élevés de dioxyde de carbone), mais, aux débuts de la Terre, il était beaucoup plus abondant. Ce qui est important, c'est là où le dioxyde de carbone est allé : il est allé dans les matières organiques en raison des processus biologiques. Les processus biologiques, bien sûr, signifient la vie et il devient donc clair que les premières formes de vie ont transformé les gaz de l'atmosphère d'une telle manière qu'ils ont rendu possible le développement de formes de vie plus complexes.

L'ÉTOILE DANS LA GALAXIE ET LA PLANÈTE DANS LE SYSTÈME DE L'ÉTOILE DOIVENT TOUTES DEUX ÊTRE SITUÉES DANS DES ZONES HABITABLES.

C'est beaucoup moins simple que cela puisse paraître, car cela concerne également d'autres planètes situées dans le même système. La vie, si elle est effectivement capable d'apparaître et s'il est effectivement correct de supposer que ce qui se passe sur Terre est ce qui doit se passer ailleurs, va apparaître sur une planète relativement petite, humide et rocheuse dans la partie « intérieure » du système (c'est-à-dire relativement proche de l'étoile). De plus, celle-ci doit disposer des bonnes sortes de planètes à l'extérieur. Une « bonne sorte de planètes » se traduit ici comme « de gros monstres gazeux. » La série de planètes dans le système solaire, du plus proche du Soleil vers l'extérieur, est la suivante: Mercure, Vénus, la Terre, Mars, Jupiter, Saturne, Uranus et Neptune. Les quatre premières sont toutes des petites planètes rocheuses, mais Jupiter n'en est pas une. Jupiter est une planète gazeuse massive et cette grande masse signifie qu'elle exerce une attraction gravitationnelle très forte. En attirant vers elle les bolides assassins : comètes et les nombreux astéroïdes qui se rapprochent trop, Jupiter protège la Terre et les autres planètes intérieures en leur servant de bouclier. Des astéroïdes ayant un diamètre supérieur à 1 kilomètre ou des comètes, dont l'impact avec la Terre serait dévastateur pour la vie qui si trouve, risquent beaucoup moins de croiser l'orbite de la Terre et de la percuter.

Revenons un peu en arrière avant de poursuivre. Jusqu'ici la question a été: comment la vie s'est-elle formée? Mais une question doit la précéder : comment les planètes se sont-elles formées? La raison pour laquelle cette question est si importante est que, autant qu'on le sache, la vie n'est pas apparue dans l'espace. Elle est apparue sur des planètes. Comme l'illustre la dissertation de ce chapitre, *La Terre Rare*, la vie n'est pas apparue sur n'importe quelle planète. Comment alors les planètes ont-elles vu le jour? Puisque la Terre est la seule planète où l'existence de la vie a été prouvée, comment la Terre a-t-elle vu le jour? Quelle fût l'influence des autres corps célestes du système solaire?

Un **planétésimal** est un mot signifiant littéralement: « une petite partie d'une planète ». Il est généralement utilisé pour décrire les petits corps célestes qui apparaissent lors de la formation d'une planète, mais il a également un autre sens : tout petit corps céleste (les comètes et les astéroïdes en sont des exemples) qui fait figure de reste lors de la formation planétaire. La théorie actuelle est que les planètes se forment à la suite d'une accumulation de poussières et de petites particules. Une définition de planétésimal acceptée par les scientifiques étudiant en 2006 la formation des planètes (mais qui n'est pas universellement acceptée par tous les astronomes) définit un planétésimal comme un objet solide ayant vu le jour durant le processus d'accumulation planétaire et dont la force interne est dominée par sa propre gravité, c'est-à-dire, suffisamment forte pour qu'il ne fasse qu'un et dont les dynamiques orbitales ne sont pas affectées par des traînées de gaz. Les planétésimaux du système solaire de la Terre ont une taille supérieure à un kilomètre parce que c'est la taille à partir de laquelle l'influence gravitationnelle d'un corps céleste peut en attirer d'autres et un corps peut commencer à grandir. Ils sont différents des protoplanètes et des planètes embryonnaires, qui sont assez grandes pour non seulement ne faire qu'une, mais aussi pour exercer une force gravitationnelle sur d'autres corps qui se rapprochent d'eux. Les protoplanètes ont une taille généralement comprise entre 100 et 1 000 kilomètres.

Depuis que les étoiles ont commencé à se former, les planétésimaux se sont percutés les uns aux autres et à d'autres objets. À l'intérieur du système solaire de la Terre, les planétésimaux qui se sont écrasés ont surtout été des astéroïdes, et rares sont ceux qui sont suffisamment intéressés par le sujet pour lire ce livre et qui ne sont pas conscients de toute la publicité faite aux astéroïdes dont la proximité avec la Terre est telle qu'une collision serait possible. La surface de la Lune et des planètes comme Mars témoigne d'un historique d'impacts d'astéroïdes et ils se sont également produit un certain nombre de fois sur Terre. Il est possible (bien qu'il ne s'agisse que d'une hypothèse et qu'aucune preuve définitive n'existe) que la vie ait commencé sur Terre à cause d'un astéroïde qui transportait les éléments essentiels de la vie venues d'ailleurs et qui se serait écrasé sur la planète. Il n'est donc pas impossible que la civilisation humaine sur Terre se soit développée à cause d'un impact d'astéroïde. C'est une possibilité, une qui ne peut être exclue, mais plus certain encore est le fait que la vie ait été anéantie, au moins une fois et peut-être plus, lorsqu'un très gros astéroïde s'est écrasé sur Terre. L'hypothèse la plus populaire (bien qu'il y en ait d'autres) expliquant l'extinction du dinosaure est qu'elle résulte d'une énorme explosion sur Terre après qu'un très gros astéroïde s'y soit écrasé.

Les planétésimaux constituent par conséquent une arme à double tranchant. Il est possible qu'ils aient créé les conditions sur Terre qui ont permis à la vie d'apparaître (et ce même si les éléments essentiels de la vie ne viennent pas directement du planétésimal lui-même). Ce qui ne fait également aucun doute, c'est que trop de collisions avec des planétésimaux peuvent détruire la vie qui ne fait qu'émerger, avant même qu'elle n'atteigne un niveau de complexité permettant à la civilisation de germer.

C'est là que Jupiter entre en jeu. Jupiter a été décrit comme étant une sorte « d'aspirateur céleste ». Sa masse énorme lui confère un immense pouvoir gravitationnel et le fait d'avoir un voisin aussi puissant signifie que la Terre a évité de nombreuses collisions avec des astéroïdes et d'autres corps célestes, car ils ont été entraînés dans l'orbite de Jupiter avant qu'ils ne puissent atteindre la Terre.

Il semble donc que le développement de la vie jusqu'à un niveau de complexité suffisant pour que la civilisation y existe nécessite une planète rocheuse qui soit suffisamment proche de son étoile pour se situer dans sa zone habitable, suffisamment éloignée de son étoile pour que la vie ne se ratatine pas avant qu'elle puisse commencer à se développer et nécessite également une planète gazeuse massive plus loin de l'étoile, mais suffisamment proche de la planète pour agir comme une sorte de concierge pour la planète, balayant la majorité des planétésimaux avant qu'ils ne puissent trop s'en approcher et anéantir la vie sur la planète.

Dans quelle mesure est-ce quelque chose de commun dans l'univers? Il semblerait en fait que ce soit assez rare. Bien que les astronomes relèvent l'existence d'un nombre croissant d'exoplanètes dans l'univers, ils en trouvent très peu ayant cette même combinaison de petites planètes rocheuses situées dans la zone habitable de l'étoile en plus d'une planète gazeuse massive correctement positionnée pour faire office de concierge. À l'heure actuelle, pour autant qu'on le sache, seulement dix pour cent des étoiles qu'on connait ont dans leurs orbites des planètes à gaz géantes comme Jupiter et bien peu d'entre elles ont une planète géante dans la bonne position par rapport à l'étoile et aux petites planètes rocheuses.

Ce n'est pas tout! Avoir une planète gazeuse massive comme Jupiter dans la bonne position par rapport à une plus petite planète rocheuse ne suffit pas. La planète gazeuse massive doit également avoir le bon type d'orbite. L'orbite doit être stable et presque circulaire autour de l'étoile. Parmi ce nombre réduit de candidats, cette fraction de dix pour cent des planètes gazeuses géantes qui existent à proximité d'une petite planète rocheuse semblable à la Terre, très peu ont ce type d'orbite. Par conséquent, seule une infime fraction de planètes rocheuses remplissent les diverses conditions jugées favorable et nécessaires pour être un foyer pour la vie soit : avoir la bonne taille, être située dans la zone habitable de leur étoile, être protégée par une planète comme Jupiter, que cette planète protectrice soit elle-même correctement positionnée et qu'elle ait la bonne orbite pour empêcher que la vie émergente soit pulvérisée lors d'une collision avec un astéroïde ou un autre type de planétésimal.

Ce n'est toujours pas tout! Comme si le fait que si peu de planètes rocheuses sont à la fois bien positionnées et protégées des collisions avec des planétésimaux ne suffisait pas, il y a une théorie selon laquelle avoir une planète gazeuse massive au bon endroit et avec la bonne orbite ne suffit pas. Konstantin Batygin est un professeur adjoint en sciences planétaires à Caltech. Lui et ses collègues ont examiné la série d'événements qui, selon eux, a conduit au développement de la vie sur Terre. Leur conclusion est que la masse, l'attraction gravitationnelle, le positionnement et l'orbite ne suffisent pas. Ils pensent que le système solaire tel qu'il existe aujourd'hui peut être expliqué que si nous acceptons l'idée qu'à un stade précoce de son développement, Jupiter aurait connu une brève période de migration vers l'intérieur, avant d'inverser sa direction grâce aux interactions gravitationnelles avec Saturne. La migration de Jupiter vers l'intérieur dans les premiers stades de formation du système solaire a déclenché une cascade de collisions des planétésimaux et a laissé derrière eux des débris volatils Cette séquence d'événements explique la nature évidée du système solaire interne et la présence de gigantesques morceaux de glace vers l'intérieur du système. La glace est bien évidemment de l'eau gelée et c'est comme ça que Batygin et son équipe pensent que les éléments essentiels de la vie ont ensuite engendré la création de la Terre et des autres planètes rocheuses proches du Soleil. Jupiter a ensuite à nouveau dérivé vers l'extérieur, adoptant sa position actuelle et donnant à Jupiter son orbite circulaire cruciale autour du Soleil, pile au bon endroit et avec la bonne puissance d'attraction pour attirer les planétésimaux à elle avant qu'ils ne puissent entrer en collision avec la Terre.

Cette théorie qui souligne la conséquence critique de la migration des planètes géantes en général prévoit que les planètes véritablement semblables à la Terre, avec des surfaces solides et des pressions atmosphériques modestes, sont très rares. Malgré l'immensité de l'univers, une série d'événements aussi complexe que celui qui a produit notre système solaire peut très bien s'être produit qu'une seule fois.

Remarquez, cependant qu'ils n'utilisent pas cela pour prouver que la Terre est le seul endroit qui a bénéficié de la bonne combinaison de circonstances et de la bonne série d'événements pour que la vie apparaisse. Les astronomes sérieux ne font pas preuve de ce genre d'arrogance. Ce qu'ils disent, c'est que des planètes comme la Terre sont probablement extrêmement rares dans l'entièreté du cosmos.

Abordons maintenant la convection qui génère la vapeur d'eau. Elle est causée par la chaleur du soleil et elle nous rappelle que l'énergie n'a pas encore été mentionnée comme étant nécessaire à la vie, bien qu'elle le soit assurément. Mars disposait, à un moment donné, de tous les composants dont disposait Terre pour que la vie se développe, mais Mars est bien plus petite que la Terre et s'est refroidie beaucoup plus rapidement. Sa taille signifie également qu'elle n'avait pas un pouvoir gravitationnel suffisant pour retenir son atmosphère et son eau liquide. La vie a pu apparaître sur Mars, comme elle l'a fait sur Terre, mais elle n'a pas pu y survivre et y évoluer. Par conséquent, l'idée d'une petite planète rocheuse avec de l'eau et la protection d'une planète gazeuse géante située au bon endroit et avec la bonne en orbite devient :

Une planète rocheuse de la bonne taille avec de l'eau et la protection d'une planète gazeuse géante située au bon endroit et avec la bonne orbite

La tectonique des plaques nécessite également de l'énergie, qui provient de la chaleur générée au centre de la Terre par la désintégration radioactive.

Dans quelle mesure la tectonique des plaques qui est nécessaire à l'apparition de la vie, est-elle fréquente dans l'univers? Nous l'ignorons, mais comme vous pouvez vous y attendre après avoir lu « La Terre Rare », la réponse est : probablement pas fréquente du tout. Il n'y a pas encore de preuves démontrant la présence de plaques tectoniques sur des exoplanètes, mais nous savons combien de planètes de ce type existent dans notre système solaire. Il n'y en a qu'une seule et nous y vivons.

RADIATION

Il est possible de trop se soucier des radiations. La lecture de cette phrase vous a probablement pris trois secondes et pendant ces trois secondes, vous avez été atteint par environ 45 000 particules irradiées. Cette année, ce sera 500 milliards. Dans une vie normale, cela représente 40 billions de particules. Toutes ces particules, ici calculées, viennent de sources naturelles. Les radiations naturelles représentent 85% des radiations qui affectent la majorité de la population. Elles ne vous ont pas fait de mal. Elles font partie de la vie humaine.

Ceci dit, les radiations peuvent être si dangereuses qu'elles détruisent la vie (pensez aux bombes larguées sur Hiroshima et Nagasaki) et elles peuvent être si intenses qu'elles empêchent la vie d'apparaître en premier lieu. La quantité de radiations qu'une planète reçoit est un facteur important pour décider si la vie peut y apparaître et si c'est ce le cas, si elle y subsistera.

Cela veut dire que les planètes les plus éloignées du centre galactique, c'est-à- dire celles qui sont les plus éloignées dans la spirale d'une galaxie, sont les plus susceptibles d'être capables de donner naissance et de soutenir la vie. Cela nous amène à la question de la **Zone Habitable Galactique**.

Une galaxie connue sous le nom de NGC 7331 est souvent décrite comme étant une jumelle de la Voie lactée. Cela peut être vrai au regard d'un certain nombre de ses attributs, mais à son centre les niveaux de radiation sont si élevés que des formes de vie complexes (et peut-être bien des formes de vie plus simples) ne peuvent y survivre.

Il devient donc évident que les planètes situées dans un système solaire soumis à des niveaux élevés de radiations, aussi habitables qu'elles puissent paraître à première vue, ne sont pas des lieux où on peut s'attendre à y découvrir une civilisation. De plus, même un système solaire qui n'est pas soumis à des niveaux élevés de radiations doit le rester pendant très longtemps pour permettre à des formes de vie complexes de se développer. La recherche, dès lors, devrait commencer par des planètes situées dans des zones habitables et autour d'une étoile dont l'orbite galactique la maintient en dehors des zones de radiations élevées. Cela signifie probablement que le SETI ne va pas découvrir de vie civilisée dans aucun des systèmes d'une étoile ayant une orbite excentrique, c'est-à-dire une étoile avec une orbite qui n'est pas aussi proche que possible d'un cercle parfait.

La vitesse orbitale de l'étoile devrait également être proche ou égale à la vitesse de rotation du bras spiral. Ceux qui utilisent l'hypothèse de la Terre Rare pour justifier l'argument selon lequel nous sommes seuls dans l'univers disent que la zone où la distance par rapport au Centre Galactique produit une telle vitesse est assez réduite. Bien que ce soit vrai, il y a de fortes chances que l'étoile et son système solaire n'iront pas dériver dans une zone hautement irradiée, ou alors ils ne le feront qu'à des intervalles de temps inconcevablement longs.

Après une telle présentation du concept de zone habitable galactique, personne ne sera surpris d'apprendre que l'orbite de notre Soleil autour du centre de la Voie lactée dessine un cercle quasiment parfait et que la durée de son orbite est très similaire à la durée de rotation de la Voie lactée.

Certains des scientifiques qui sont à la recherche de la vie extra-terrestre estiment que le nombre d'étoiles de la Voie lactée qui sont situées dans la zone habitable galactique est de seulement vingt milliards; d'autres disent qu'il en est inférieur d'au moins la moitié.

Une fois n'est pas coutume, ce n'est pas tout! De toutes les galaxies qui ont été aperçues à nos jours, plus de la moitié d'entre elles ont une structure de bras multiples identique à la nôtre. Est-ce que cela veut dire que plus de la moitié des galaxies découvertes hébergent des planètes comme la Terre? Non, absolument pas. Des arguments convaincants existent selon lesquels cette galaxie, celle qui héberge la Terre, est inhabituelle au point que sept pour cent des autres galaxies, au maximum, seraient susceptibles de lui ressembler.

Les galaxies entrent en collision entre elles. Les astronomes font état de fréquentes observations de collision de galaxies, bien que cela soit lié plus à l'amélioration des télescopes qu'à un nombre croissant de collisions. Quoi qu'il en soit, les collisions de galaxies sont une réalité et une autre réalité semble être que notre galaxie ait subi bien moins de collisions que la plupart des autres galaxies. En réalité, notre galaxie parait bien paisible comparée à la majorité d'entre elles. Certains astronomes affirment que notre Soleil a la chance de ne jamais passer à travers un bras spiral, bien qu'au moins l'un d'entre eux (Karen Masters, professeure associée d'astrophysique à Haverford College en Pennsylvanie) avance qu'il le fait à peu près tous les 100 millions d'années.

Quelque chose d'autre qui différencie le Soleil de la plupart des autres étoiles est que sa luminosité ne varie que de 0,1 pour cent. Ce n'est pas non plus une étoile binaire et il est peu probable que des étoiles binaires abritent des planètes avec des formes de vie durables puisque l'autre étoile perturberait les orbites de ses planètes. On pense qu'au moins la moitié, voire plus, de toutes les étoiles sont des étoiles binaires, ce qui signifie qu'au moins la moitié de toutes les étoiles ont une probabilité très faible d'avoir dans leurs orbites des planètes capables d'abriter la vie.

Les petites étoiles naines rouges peuvent être laissées de côté en tant qu'hôtes potentiels de la vie, car toutes les planètes situées dans leurs zones habitables seront sujettes à un phénomène qui s'appelle « la rotation synchrone ». Cela signifie qu'un des côtés de la planète fait toujours face à son étoile et est donc particulièrement chaud, tandis que l'autre fait face au vide de l'espace et est donc particulièrement froid. Ces planètes sont également très exposées aux éruptions solaires, qui auraient pour conséquence l'ionisation de l'atmosphère, ainsi que d'autres effets très néfastes pour toute forme de vie complexe.

Une fois que tout ceci a été pris en compte, il reste encore nécessaire de se confronter au fait que seuls 9% des étoiles ayant de l'hydrogène comme carburant dans notre galaxie sont des « étoiles de Boucle d'or », ni trop chaudes ni trop froides.

EN DÉFINITIVE : LES PARTISANS DE LA TERRE RARE ONT-ILS RAISON? LA TERRE EST-ELLE LA SEULE PLANÈTE DE L'UNIVERS OÙ LA CIVILISATION AURAIT PU SE DÉVELOPPER?

La plus simple des réponses à cette question est la même que celle que nous avons donnée à un certain nombre d'autres questions : nous ne le savons tout simplement pas. À l'échelle galactique, nous n'avons pas cherché depuis assez longtemps. Il se peut que dans quelques siècles, à l'aide de télescopes et d'autres technologies qui sont actuellement inconcevables pour nous et après 200 ans de recherche méticuleuse, il devienne nécessaire de dire : nous sommes seuls. Il n'y a personne d'autre nulle part ailleurs dans l'univers.

Ou il se peut que nous soyons sur le point de découvrir plusieurs civilisations. Nous ne le savons pas encore. Éventuellement, nous le saurons. Gardons à l'esprit que la Terre Rare n'est qu'une des nombreuses théories existantes et la plus importante d'entre elles sera le sujet du reste de ce livre.

CHAPITRE 5

LE GOULOT DE GAIA

Le chapitre 4 traitait de la théorie de la Terre Rare, selon laquelle la Terre est la seule planète où la vie civilisée s'est développée parce que la combinaison de circonstances nécessaires au développement de la vie est spécifique. Il est si rare que tous les éléments essentiels soient réunis et qu'une telle combinaison n'a jamais été découverte nulle part ailleurs dans l'univers. Ce chapitre détaille le goulot de Gaia, qui adopte un point de vue un peu différent. Il postule que la combinaison de circonstances requises pour que la vie apparaisse n'est pas particulièrement rare, et que la vie est peut-être bien apparue sur de nombreuses planètes. Une fois apparue, cependant, elle n'a pas été en mesure de subsister. Essentiellement, l'hypothèse du goulot de Gaia peut être résumée ainsi : les formes de vie les plus simples ont vu le jour dans de nombreux endroits, mais la vie est quelque chose de très fragile, et les formes de vie qui ont existé ailleurs que sur Terre n'ont pas été en mesure de maîtriser leur environnement assez rapidement. Sur Terre, pour des raisons que cette hypothèse tente d'expliquer, ou si ce n'est de les expliquer, du moins de les comprendre, des formes de vie se sont développées, se sont complexifiées et ont survécu. Partout ailleurs, elles ont péri.

Nous entendons tellement parler d'eux et de leur potentiel de nuire, voire d'effacer toute vie sur Terre qu'il peut être surprenant d'apprendre qu'il est possible que les gaz à effet de serre aient pu permettre à la vie sur Terre d'arriver là où elle est aujourd'hui. Au premier abord, un sacré effort d'imagination semble nécessaire pour comprendre comment des formes de vie primitives ont pu maîtriser leur environnement. Beaucoup de recherches ont été effectuées sur ce sujet à l'Université Nationale Australienne, où le Dr Aditya Chopra soutient que l'environnement est instable dans le cycle de vie initial d'une grande majorité des planètes, et que la vie ne peut y survivre que si les températures à la surface de la planète restent stables. Ce qui a fait qu'elles sont restées stables sur notre planète, et pas sur d'autres, fut l'eau, le dioxyde de carbone et d'autres gaz à effet de serre, mais pas en tant que tels. Ils ont dû être contrôlés par les toutes premières formes de vie qui ont émergé.

Ce « contrôle » n'a rien en commun avec l'image d'un homme primitif se trouvant dans une pièce bourrée d'interrupteurs et de cadrans; il s'agit ici d'une régulation biologique des cycles de rétroaction. Il existe une forme d'interaction entre les toutes premières formes de vie et l'atmosphère qui les entoure. Le chapitre 4 a identifié trois petites planètes rocheuses dans notre système solaire du type qui aurait pu héberger la vie. Elles sont la Terre, Vénus et Mars. Dans un passé lointain, il y a environ quatre milliards d'année, il est possible que des microbes, ou en tout cas des formes de vie monocellulaires, c'est-à-dire à peu près la même chose, soient apparues sur ces trois planètes. Mais Vénus est par la suite devenue extrêmement chaude et Mars est devenu extrêmement froide, et ce fut la fin pour la vie sur ces planètes. La vie sur Vénus et sur Mars n'a pas pu stabiliser l'atmosphère de l'une ou l'autre de ces planètes et pourtant, selon la théorie avancée par le Planetary Science Institute de l'Université Nationale Australienne, qui est acceptée comme hypothèse de travail par de nombreux autres scientifiques, c'est quelque chose que la vie sur Terre a réussi à faire. L'objectif du reste de ce chapitre sera de comprendre pourquoi il fut possible pour la vie sur Terre d'accomplir ce que celles de Vénus et de Mars n'ont pas pu faire.

Qu'est-ce donc que le goulot de Gaia? Il décrit les conditions qui empêchent la vie d'avoir une prise suffisante sur son environnement et d'éviter ainsi une extinction précoce.

LES PREMIERS ÉONS DANS LA VIE D'UNE PLANÈTE PETITE, HUMIDE ET ROCHEUSE

Pour celui ou celle qui aura lu cet ouvrage jusqu'ici, il sera déjà clair que les études de cosmologie et d'astronomie traitent de périodes de temps énormes. «Gyr» est une expression couramment utilisée; elle signifie simplement 1 milliard d'années. Et ce n'est qu'en raisonnant en termes de milliards d'années que les études de la vie sur Terre et, de fait, de l'histoire de la Terre commencent à prendre sens. Ce tableau a été réalisé par le Docteur Chopra et son collègue, le Docteur Charles Lineweaver:

Stage dans la vie de la planète	Conditions sur la planète
Premier demi-milliard d'années	- Elle est chaude, subit un bombardement constant et élevé depuis l'espace, et rien ne peut y vivre.
Premier demi-milliard d'années	- Elle se refroidit quelque peu, le bombardement se réduit et la quantité de substances volatiles diminue de manière constante.
Prochain demi-milliard à des milliards d'années	- La vie commence à émerger, mais l'environnement n'y est pas favorable, et donc :

Le prochain milliard d'années environ - L'environnement devient si hostile que la vie est anéantie. Alternativement, et si rarement que ça ne s'est peut-être produit qu'une seule fois, la régulation de Gaia évolue assez rapidement pour que la vie survive et évolue. Si cela arrive, la vie peut dès lors exister pendant des milliards d'années.

Dans ces premiers millénaires, c'est comme si la vie faisait partie d'une compétition de rodéo. Pas le rodéo de Reno dans le Nevada, où les participants ont grandi en apprenant à chevaucher un taureau ou à monter un cheval sauvage. Les formes de vie à cellule unique viennent au monde et n'ont aucune idée de ce qu'elles sont censées faire. La planète alterne entre des périodes de chaleur immense, puis de froid intense, puis de chaleur à nouveau. Ceux qui participent au rodéo ne parviennent pas à rester en selle. Ils sont jetés par terre. En clair, ils meurent.

Dès 1995, le lauréat du prix Nobel Christian Duve, dans son livre *Vital Dust*, a suggéré que l'abiogenèse, l'évolution des organismes vivants à partir de substances inorganiques ou inanimées, pourrait être ce qu'il a appelé un « impératif cosmique ». Quelque chose qui est inévitable dans l'univers, qui doit arriver. Il a souligné le fait que l'eau et l'énergie sont des matières qu'on trouve fréquemment dans l'univers. Ce que suggèrent les docteurs Chopra et Lineweaver, c'est que ce qui décide si oui ou non, la vie intelligente sera amenée à évoluer n'est pas la difficulté de faire apparaître la vie, mais la difficulté à la préserver. La vie apparaît. Elle évolue pour devenir une biosphère. Mais ce dont elle a besoin par la suite, c'est de faire évoluer des mécanismes à l'échelle globale qui vont lui permettre de continuer à exister, et elle a besoin de le faire à une vitesse qui nous semble être extrêmement lente, mais qui est rapide d'un point de vue cosmologique. Et presque invariablement, de fait et à notre connaissance, avec une seule exception (la Terre), elle échoue à le faire. La vie est apparue, la vie n'est pas parvenue à assurer sa survie, la vie a disparu.

À l'évidence, le goulot de Gaia est une explication pour l'absence de vie intelligente visible autre part dans l'univers différente de celles dont nous avons parlé jusqu'à présent. Dans la première partie de ce livre, nous avons discuté des raisons pour lesquelles la vie peut ne pas avoir vu le jour. À présent, avec le goulot de Gaia, nous examinons l'éventualité qu'elle ait pu apparaître à plusieurs reprises, mais qu'elle n'ait pas pu subsister. L'éventualité que le goulot ne soit pas situé au niveau de l'émergence de la vie, mais de sa pérennité.

En d'autres termes, il ne s'agit pas de ce que les deux docteurs australiens appellent « les complexités de la recette moléculaire ». C'est que, lorsque la vie commence à apparaître sur une planète, son rythme d'évolution atteint rarement le rythme requis pour être à même de réguler les gaz à effet de serre et ce que les scientifiques appellent « l'albédo », c'est-à-dire la quantité totale de radiation provenant de son étoile qu'un corps céleste est capable de réfléchir. La radiation qui n'est pas réfléchie est absorbée, et l'absorption de trop de radiations peut être fatale. Pour les deux docteurs, une fois de plus, il semblerait que la norme cosmique pour la plupart des formes de vie soit l'extinction. Ce n'est pas, comme cela a pu être suggéré par d'autres hypothèses, une question de quantité de lumière disponible et de distance vis-à-vis de l'étoile. Ce qui rend possible la préservation de la vie sur une planète à plus long terme, c'est la vitesse à laquelle elle évolue pour atteindre un niveau où elle peut maintenir l'habitabilité de la planète sur laquelle elle se trouve.

C'est un cercle vicieux qui peut sembler amusant tant que vous n'êtes pas l'une des formes de vie sur une des planètes en question : une planète humide et rocheuse doit être habitée si elle veut devenir habitable. Les formes de vie, sauf dans des cas exceptionnellement rares, ne peuvent apparaître sur une planète que si des formes de vie y existent déjà. Un autre livre tout entier aurait pu être écrit si Yossarian de *Catch 22* avait eu à se démêler de cette situation.

LA VIE N'EST PAS QU'UN SIMPLE PASSAGER

Le point de vue standard dans presque toutes les autres hypothèses qui existent est que la vie apparaît initialement sous forme de vie cellulaire unique (des microbes si vous voulez) et se développe ensuite sur de longues périodes jusqu'à ce que certaines formes de vie intelligentes deviennent capables d'utiliser des fusées et des télescopes pour partir à la recherche de leurs camarades interstellaires. Ces formes de vie sont pour la plupart passives, de simples passagers d'un vaisseau (leur planète) qui traverse l'espace, et qui dans son périple se transforme lui-même ou qui est transformé par des forces extérieures. Le goulot de Gaia ne perçoit pas les choses de cette façon. Dans la perspective de Gaia, ce qui amoindrit l'hostilité d'une planète envers la continuité de la vie, c'est la façon dont elle-même remanie et régule son environnement. Il s'agirait là de la forme la plus extrême de sélection naturelle, les formes de vie les plus capables de remanier et de réguler leur environnement étant celles qui se sont développées. Les mécanismes de rétroaction qui existaient autrefois sur Terre et qui existent toujours dans la plupart des régions de l'univers sont des mécanismes anti-vie. Ils ne peuvent empêcher la lumière d'exister, mais ils l'exterminent. Ce qui s'est passé sur Terre, c'est que les formes de vie ont commencé à les exterminer en premier et ont porté un coup fatal aux forces qui cherchaient à les éliminer.

QU'EST-CE QUE NOTRE SOLEIL A DE SI SPÉCIAL? QU'EST-CE QUE NOUS AVONS DE SI SPÉCIAL?

Il se peut que la réponse à ces questions ne soit : rien. Mais ce ne sont pas des questions qu'on peut ignorer. Pourquoi cela est-il arrivé ici si (comme le dit l'hypothèse de Gaia) cela ne s'est produit nulle part ailleurs? La réponse de ceux qui croient à la théorie de régulation de Gaia concerne le temps. Ils parlent d'une « évolution biologique anormalement rapide » et il vaut le coup de se renseigner ce qu'ils entendent par « exceptionnellement rapide ». Ici, dans l'ère humaine de la Terre, l'évolution biologique sur cinq générations, 150 ans pour les humains, beaucoup moins pour certains petits mammifères, mais beaucoup plus pour les cèdres de la côte pacifique Nord-Américaine, serait considérée comme rapide, mais, tant que les changements sont assez mineurs, possible. Quand l'hypothèse de Gaia dit que l'évolution biologique fût « exceptionnellement rapide », elle fait allusion au premier milliard d'années du développement de la vie.

Pourquoi donc? Qu'est-ce qui s'est passé dans la phase initiale de cette planète qui a fait que ces premières formes de vie monocellulaires ont pris le contrôle de leur environnement, là où tant d'autres sur des planètes et des systèmes solaires lointains n'ont pas réussi à en faire autant? À nouveau, nous en revenons à cette idée séduisante selon laquelle les conditions de vie que nous avons ici sur Terre sont exceptionnelles. Ce qui signifie que la Terre et les terriens doivent être exceptionnels. La Terre disposait de sources d'énergie, elle était de moins en moins bombardée depuis l'espace, elle avait les substances chimiques nécessaires au commencement de la vie, elle bénéficiait d'une combinaison de circonstances particulièrement favorables à l'émergence d'êtres beaux et intelligents. Des êtres comme nous.

L'hypothèse de Gaia dit que les terriens devraient cesser de s'applaudir entre eux, parce que leurs circonstances n'ont rien eu de spécial. D'innombrables planètes disposaient de sources d'énergie qui étaient tout aussi bonnes et qui le sont toujours. Le bombardement interstellaire et celui en provenance d'une étoile-hôte ont progressivement diminué sur chaque planète de l'univers; c'est ainsi que l'univers fonctionne. Les substances chimiques de la Terre? Elles sont dispersées à travers tout l'espace. Et cette combinaison de circonstances? Voilà un argument intéressant. Mais cet argument n'explique pas comment la vie est apparue sur Terre. Ça explique plutôt pourquoi, sur cette planète et peut-être bien aucune autre, la vie étant apparue, a subsisté, plutôt que d'être anéantie comme elle aurait dû l'être en accord avec le destin funeste que cet univers glacial réserve à la vie.

COMMENT L'HYPOTHÈSE DU GOULOT DE GAIA S'ACCORDE-T-ELLE AVEC D'AUTRES THÉORIES

En science, il n'y a que peu, voire pas de faits. Einstein n'a jamais dit que la vitesse à laquelle la lumière se propage est la vitesse maximale à laquelle tout peut se propager, bien qu'il soit constamment cité comme l'ayant dit. Tout ce que vous obtiendrez d'un scientifique, c'est une hypothèse. Une déclaration selon laquelle, « Cette théorie offre une explication basée sur tous les faits dont nous disposons actuellement sur le sujet. Elle résiste à tous les tests que nous sommes en mesure de réaliser. Jusqu'à ce que de nouveaux faits se présentent ou que de nouveaux tests soient conçus, il s'agit d'une idée de travail dont le but est d'expliquer ce que nous savons actuellement. »

Ceux qui soutiennent la théorie du goulot de Gaia croient que le goulot est un goulot d'étranglement de la continuation de la vie. Il existe d'autres théories.

Le goulot d'étranglement de l'émergence croit que la vie ne peut émerger que lorsque tous les ingrédients d'une recette complexe sont réunis. Il s'agit dans ce cas des substances chimiques, de la température, de l'humidité et de tout un tas d'autres éléments. Et cette recette tend à être élaborée autour de la Terre. Bien entendu. C'est la seule planète sur laquelle nous savons pour le moment que la vie a émergé; par conséquent, la recette de l'émergence de la vie doit être basée sur des conditions terrestres. Les Gaiens considèrent cela et se disent : « Bien. Qu'est-ce que la Terre a donc que les autres planètes n'ont pas? » Et la réponse qui apparaît est : « Pas grand-chose. Et très probablement rien du tout. »

Commençons par l'étoile-hôte. Le goulot d'étranglement au développement de la vie est-il un *goulot d'étranglement stellaire* ? Existe-t-il quelque chose à propos du Soleil de la Terre qu'on ne retrouve nulle part ailleurs? Si c'est le cas, cela n'a pas encore été identifié. Des milliards d'étoiles ont la même composition chimique que le soleil. Un grand nombre d'entre elles ont dans leurs orbites des petites planètes rocheuses humides, de la même taille et situées à la même distance de leur étoile-hôte que la Terre. Il existe des étoiles de taille similaire au soleil, qui ont un processus chimique interne et une fréquence d'éruptions solaires et de tempêtes stellaires similaires. Il n'y a aucun signe d'un goulot d'étranglement stellaire.

Peut-être que c'est un *goulot d'étranglement des éléments* ? Là encore, il n'y en a aucun signe. Le carbone, l'oxygène et l'azote. Également importants, mais dans une moindre mesure : le soufre et le phosphore. Tels sont les éléments de la vie sur Terre. Ils font également partie des éléments les plus communs de l'univers. Et ils se mélangent ailleurs, tout comme ils le font ici. Le mélange de deux atomes d'hydrogène et d'un atome d'oxygène produit de l'eau. L'hydrogène et l'oxygène sont très abondants dans tout l'univers, et rien n'indique qu'ils soient réticents à se mélanger autre part de la même manière qu'ils le font sur Terre. Il n'existe aucun signe démontrant l'existence d'un goulot d'étranglement des éléments.

Détecter les ingrédients nécessaires sur des planètes éloignées est quelque chose de difficile à faire, mais il est peu probable qu'un *goulot d'étranglement des ingrédients* existe. Les éléments essentiels de la vie sur Terre sont bien connus. Les sucres, les acides gras et les acides aminés sont tous des monomères, ce qui signifie qu'ils forment des molécules capables de se lier à d'autres molécules. Lorsque les acides aminés se lient, ils forment des protéines. Lorsque les sucres se lient, ils forment des hydrates de carbone, et les acides gras se mélangent pour former des lipides. Tous ces éléments sont fondamentaux pour la vie. Les bases azotées sont également des monomères, mais leur façon de se lier est un peu différente, puisque lorsqu'une base azotée se lie au sucre et au phosphate, elle crée des monomères nucléotidiques, qui sont les éléments constitutifs de l'ADN. Il s'ensuit que si les sucres, les acides gras, les acides aminés et les bases azotées sont uniques à la Terre, alors il existe bel et bien un goulot d'étranglement. Dans la mesure où nous partons du principe que ce qui a engendré la vie sur Terre peut aussi le faire ailleurs (et c'est une grosse hypothèse), ces éléments essentiels de la vie doivent dès lors exister sur d'autres planètes pour que la vie y apparaisse.

Or ils y existent! Ou plutôt faudrait-il dire, ils y existent presque assurément. Ces monomères organiques viennent de l'espace et atterrissent sur la Terre via des météorites. Pas n'importe quelles météorites, ces météorites-là sont connues sous le nom de chondrites carbonées, et elles font partie des météorites les plus primitives, ou les plus anciennes dont nous connaissons l'existence. Elles tombent du ciel depuis la nuit des temps, et elles tombent toujours à l'heure actuelle. Pas seulement sur Terre, cette planète et ce système solaire ne détiennent pas le monopole des chondrites carbonées.

Ces météorites étaient les plus nombreuses et tombaient le plus fréquemment lors du milliard d'années pendant lequel la Terre s'est formée. Rien ne nous laisse supposer qu'elles ne tombaient pas et qu'elles ne continuent pas à tomber de la même manière sur d'autres planètes qui se trouvent être dans cette même phase initiale de leur existence. Ce qu'elles amènent avec elles, c'est ce qu'elles ont amené sur Terre. On pourrait les appeler des molécules prébiotiques, les mêmes éléments essentiels de la vie que ceux que nous avons décrits auparavant dans cette section, et qui sont les précurseurs des molécules biologiques.

Par conséquent, pour autant que nous le sachions, il n'existe aucun signe d'un goulot d'étranglement des ingrédients.

Qu'en est-il de *l'énergie* ? Existerait- il un goulot d'étranglement *de l'énergie disponible* ? Cela paraît improbable. Il n'est pas vrai, contrairement à ce qu'on pensait autrefois, que tous les êtres vivants tirent leur énergie du soleil, car des organismes vivants ont été découverts dans les plus grandes profondeurs des Océans, grandissant et survivant grâce à l'énergie émise par les cheminées hydrothermales qui existent dans les fonds marins. Ceci dit, l'énergie reste essentielle pour la vie, et elle doit bien provenir de quelque part. Au premier abord, il paraît improbable que la lumière des étoiles qui se trouvent à l'intérieur d'un trou noir génère beaucoup d'énergie, et pourtant les choses ne sont pas aussi simples, car les trous noirs sont en fait remplis de l'énergie de toutes les étoiles, planètes et autres corps célestes qu'ils ont attirés. Et pourtant toutes les étoiles que nous sommes capables d'apercevoir émettent de l'énergie, sous forme de lumière et également sous d'autres formes, à l'instar du soleil, l'étoile-hôte de la Terre. Et les recherches montrent clairement que, partout dans l'univers, des planètes rocheuses existent qui ont un intérieur dense et très chaud, qui génère des gradients thermiques conduisant l'énergie à la surface. Il semblerait donc que l'idée d'un goulot d'étranglement de l'énergie libre soit une impasse.

Cela ne nous laisse qu'avec un Goulot d'étranglement de la recette. La vie est-elle rare dans l'univers parce qu'il existe une « recette » qui énumère tous les ingrédients qui doivent être en place pour que la vie apparaisse, et parce qu'il est excessivement rare que tous les ingrédients de cette « recette » soient réunis? Nous voilà confrontés à une question difficile, car il est impossible de savoir exactement quel type de procédé chimique, quel type de matières premières et quel type d'environnement, a conduit à l'apparition de la vie sur Terre.

Et même si nous avions les réponses à toutes ces questions, nous serions confrontés à une deuxième problématique, la problématique de Dracula, qui est la suivante : comment est-il possible qu'un si grand nombre de scientifiques possédant des théories claires sur les matières premières, l'environnement et les procédés nécessaires à la création de la vie n'ont pas été capables de créer ne serait-ce que le plus simple des amibes unicellulaires dans un laboratoire? Une réponse possible à cette question est qu'il existe effectivement un goulot d'étranglement qui empêche la création de la vie, qui viendrait du fait que la recette est si compliquée que non seulement les scientifiques sur Terre ne peuvent pas la mettre en pratique, mais que l'équivalent de Dame nature sur d'autres planètes n'a pas non plus été en mesure de réussir à la faire. Certains considèreraient cette explication comme étant quelque peu fantaisiste.

De Duve, qui a déjà été mentionné dans ce chapitre pour avoir décrit la vie comme étant un impératif cosmique, a dit que la vie est soit une manifestation reproductible, presque banale, quand les bonnes circonstances et conditions étaient réunies, soit elle est un miracle. Il ne croyait pas que la vérité puisse être située quelque part entre ces deux extrêmes. Il ne croyait pas non plus aux miracles. Ce qui ne veut pas dire que ce doit être le cas pour nous. Si nous ne parvenons pas à trouver de réponse à cette question, alors il est possible que l'idée d'un miracle ait plus de poids qu'on aurait pu le penser. L'idée de création divine est rejetée par une majorité de la population éduquée parce que « nous en savons désormais bien trop sur la science de la vie ». Est-ce vraiment le cas? Cela ne paraît pas toujours aussi évident que ça.

Doit-on en conclure que l'idée d'un goulot d'étranglement d'émergence doit être laissée de côté? C'est en tout cas le point de vue de ceux qui croient au goulot de Gaia. Et, si les arguments en faveur de l'existence d'un goulot d'étranglement d'émergence sont aussi faibles que l'indique la réflexion ci-dessus, il est alors nécessaire de trouver une autre raison qui puisse expliquer l'échec de la quête de traces de vie dans l'univers jusqu'à présent.

Le goulot de Gaia est une de ces raisons. Il partage le point de vue selon lequel il n'existe pas de goulots d'étranglement d'émergence et qu'en réalité, une telle émergence est chose commune. L'émergence, la formation de la vie est, dans l'argumentaire de Gaia, probablement très courante dans tout l'univers. La vie apparaît. Puis elle disparaît. Sans qu'elle n'ait pu se développer suffisamment pour qu'émerge les homologues extraterrestres de Socrate, de Shakespeare ou de Wayne Gretzky.

LES MENACES QUI PÈSENT SUR LA CONTINUATION DE LA VIE

Il faut garder à l'esprit que nous ne savons pas avec certitude que les premières formes de vie sur terre ont survécu. Il y a entre quatre milliards et demi et quatre milliards d'années de cela, la Terre était un endroit assez différent de ce qu'elle est aujourd'hui. La planète a traversé des périodes de froid quasi inimaginable, interrompues par des périodes de chaleur inouïe, des chaleurs si élevées que la Terre était recouverte d'océans de magma. L'une des raisons pour laquelle les températures étaient si instables est que la planète a été soumise à des impacts fréquents venant de l'espace. Et par conséquent, il y avait des périodes pendant lesquelles la Terre était habitable, et des périodes pendant lesquelles elle ne l'était pas. Il est tout à fait possible que des formes de vie primitives soient apparues dans ces premières périodes habitables, et ont ensuite été bombardées, gelées et bouillies jusqu'à en être anéanties. Nous ne sommes pas en mesure de le savoir.

Le goulot de Gaia émet l'hypothèse que la même chose s'est produite presque partout dans l'univers, mais que cependant et c'est probablement un exemple unique, une période habitable eut lieu sur Terre et elle a continué assez longtemps, conjointement avec des conditions habitables, qui ne sont pas du tout la même chose, pour que la vie puisse non seulement naître, mais aussi se développer suffisamment pour pouvoir gérer son propre environnement et garantir sa propre survie.

Comment cette gestion de l'environnement a-t-elle été possible? On ne peut pas vraiment l'expliquer. Quelque chose que nous savons sur la façon dont la nature opère est qu'il semble qu'il existe chez les organismes vivants un désir inné de subsister en transmettant leur ADN à la génération suivante. Les enzymes sont venus au monde et ont évolué d'une façon qui leur a permis de gérer les conditions de vie dans lesquelles ils évoluaient. Cela peut sembler fantaisiste, mais cela ne diffère en rien de la capacité des chameaux à stocker de l'eau pendant des périodes de sécheresse qui tueraient la plupart des animaux, ou la façon dont les plantes ont évolué pour garantir leur propre avenir. Quel pourcentage de la population est au courant que les herbes qui sont si omniprésentes dans le monde actuel sont en fait la dernière étape d'un processus d'évolution qui a commencé avec le lis? Le lis est une belle plante, mais la survie de son espèce dépend de l'arrivée des insectes au bon moment, pour qu'ils transfèrent le pollen de l'étamine au pistil et chez certaines espèces, de la formation de petites excentricules autour de la base et la séparation des écailles du bulbe. Lorsque la lignée s'est étendue jusqu'aux herbes, tout cela a été supprimé, le vent s'occupe de toute la pollinisation nécessaire.

Dans cette période, il y a entre quatre milliards et demi et quatre milliards d'années, la taille, le poids et la fréquence des bombardements que la Terre a subi ont diminué énormément, plus de treize fois moins qu'auparavant selon certains scientifiques. Les conditions sont devenues plus favorables à l'émergence de la vie. Cela est-il uniquement arrivé sur Terre? Uniquement dans notre système solaire? Cela paraît extrêmement improbable. Les planètes rocheuses et humides qui existent partout ailleurs dans l'univers ont dû elles aussi traverser une période pendant laquelle elles se sont refroidies et se sont pourvues d'environnements susceptibles de permettre à la vie d'émerger. Émerger à nouveau, peut-être, parce qu'il est très probable que parmi les premières formes de vie, certaines sont apparues dans les profondeurs des océans ou dans des ouvertures dans la terre, vers où ils ont dû fuir en raison des bombardements intolérables qui avaient lieu sur la surface de la planète.

Ce qu'affirme l'hypothèse de Gaia, c'est que les planètes ont une tendance naturelle à s'éloigner de l'habitabilité. Elles perdent leurs composants volatils, ce qui signifie donc qu'elles perdent de l'eau et qu'elles perdent de l'atmosphère. Il n'est pas aisé pour une planète de retenir de l'eau à sa surface. L'effet de serre peut avoir pour conséquence de faire s'évaporer l'eau de la surface vers l'atmosphère, et de l'atmosphère vers l'espace. Le scénario opposé, un gel intense, transforme l'eau en une forme qu'il n'est pas possible de boire pour les formes de vie. C'est probablement quelque chose qui se produit partout; en ce moment même, la vapeur d'eau est en train de quitter l'atmosphère supérieure de la Terre en raison des rayons ultraviolets et, à terme, toute l'eau sur la Terre disparaîtra, et la vie avec elle.

Mais le consensus est qu'un ou deux milliards d'années nous séparent encore d'une telle échéance, et la vie, la vie humaine, aura soit suivi son cours, soit elle aura colonisé d'autres planètes. Cela fait de la Terre une exception. Vénus et Mars ont toutes deux certainement commencé de la même manière que la Terre, mais la Terre a conservé assez d'eau pour y faire subsister la vie à long terme, tandis que Vénus a perdu presque toute l'eau qu'elle avait. Mars en a perdu un peu moins, seulement quatre-vingt-cinq pour cent environ, mais le reste a gelé dans les calottes polaires et dans un pergélisol situé sous la surface de la planète.

La question est donc: si cela s'est produit sur Vénus et sur Mars, pourquoi cela ne s'est-il pas produit sur Terre? Le principe de Boucles d'or a souvent été suggéré comme réponse possible : la Terre s'est trouvée pile à la bonne distance du soleil, avec la bonne taille, la bonne gravité, et a reçu précisément la bonne quantité de lumière et de rayonnement thermique. L'hypothèse du goulot de Gaia ne partage pas cet avis; ce qu'elle dit, c'est que la vie est apparue sur Terre et s'est développée suffisamment rapidement pour obtenir un degré de contrôle suffisant sur son environnement pour y subsister.

LES CHERCHEURS D'EXTRA-TERRESTRES DEVRAIENT CHERCHER DE L'EAU À LA SURFACE DES VIEILLES PLANÈTES

L'hypothèse du goulot de Gaia n'est pas acceptée par une large partie des spécialistes de la recherche de vie extra-terrestre, mais elle a des partisans ainsi qu'une logique propre. Le terme « biosignature » a été inventé pour signifier quelque chose qui pourrait indiquer la présence de la vie, que la vie s'y trouve maintenant ou qu'elle s'y soit trouvée dans le passé. Le carbone et l'oxygène ont tous deux été cités comme biosignatures possibles, puisqu'ils sont tous les deux des critères indispensables à la vie, mais il est possible qu'une attention insuffisante ait été accordée l'eau liquide sur la surface d'une planète, en tant que biosignature.

Si l'hypothèse de Gaia est correcte, il existera alors un équilibre chimique dans les atmosphères de la plupart ou de toutes les vieilles planètes. Par équilibre, nous voulons dire que rien n'est en train de changer; l'atmosphère est équilibrée et semble l'avoir été depuis un certain temps et continuera à l'être pendant plus longtemps encore. Si l'atmosphère est en équilibre et que la planète n'est pas une jeune planète, alors l'hypothèse de Gaia nous dit que la planète est inhabitée. Si nous découvrons une exoplanète avec des températures à la surface compatibles avec l'eau, cela vaudra le coup d'examiner l'atmosphère à la recherche de traces de déséquilibre. Si nous découvrons une exoplanète avec des températures à la surface compatibles avec l'eau et avec une atmosphère déséquilibrée, cela vaudra le coup de sonder de très près la présence de traces de vie, parce que c'est la vie qui contrôle l'environnement de sorte que l'eau y persiste, et c'est la vie qui bouleverse l'équilibre d'une atmosphère arrivée à maturité.

Si, il faut le préciser, l'hypothèse du goulot de Gaia est correcte.

CHAPITRE 6

LE GRAND FILTRE

Robin Hanson est un économiste. C'est aussi un penseur sérieux sur de nombreux sujets autres que l'économie, y compris la possibilité que la vie existe ailleurs dans l'univers. Le Grand Filtre, qui est devenu un incontournable dans les réflexions sur la vie extra-terrestre, était à l'origine le nom d'un article rédigé par Hanson.

La vie se développe à partir de la matière abiotique (c'est-à-dire non biologique), communément appelée « matière morte », bien que cela puisse prêter à confusion, car « morte » suggère quelque chose qui était vivant dans le passé; or la matière abiotique n'a jamais été vivante. Elle contient certains des éléments essentiels de la vie, et si le reste des éléments essentiels nécessaires s'unissent avec la matière abiotique, la vie peut alors éventuellement apparaître. Si c'est le cas, elle le fera sous sa forme la plus simple - la forme de vie unicellulaire - et si elle survit assez longtemps, il se peut qu'elle se soit développée en organismes multicellulaires suffisamment complexes pour bâtir une civilisation quatre à cinq milliards d'années plus tard.

Mais ce n'est clairement pas quelque chose qui se produit très fréquemment, puisque si c'était le cas nous serions en mesure de découvrir des traces de telles civilisations ailleurs dans l'univers et, pour l'instant, elles nous ont échappé - potentiellement parce qu'elles n'existent pas. Ce livre présente de nombreuses théories expliquant pourquoi l'univers se trouve être exempt de civilisations avancées, ou même de simples formes de vie, et le Grand Filtre est la contribution de Robin Hanson à ce débat. Hanson dépeint l'idée d'un « grand filtre entre la mort et une vie durable et en expansion », et pose une question qu'il présente comme inquiétante (et il se peut que vous partagiez son point de vue) : où sommes-nous situés sur ce filtre?

En tant qu'économiste, Hanson est connu pour avoir jeté un regard sceptique sur des théories généralement acceptées. Il en a fait de même avec les théories sur la vie extra-terrestre. Il dit que les physiciens, les astronomes, les biologistes et les spécialistes des sciences sociales ont tous proposé des théories qui suggèrent que le filtre devrait être beaucoup plus court qu'il ne l'est. Hanson n'est pas du genre à essayer de modifier les résultats de l'expérience pour qu'ils concordent avec la théorie; ce qu'il dit c'est que puisque la réalité est un filtre beaucoup plus long que ce que prédisent les théories, une au moins, doit être fausse. Ses conclusions ne sont pas très réconfortantes - il dit que l'humanité doit être « beaucoup plus sur ses gardes face à de possibles catastrophes ».

LA COLONISATION SEMBLE ÊTRE UN ÉLÉMENT CENTRAL DE LA VIE

Tout en gardant à l'esprit qu'une certaine arrogance voudrait supposer que ce qui se passe sur Terre doit être ce qui se passe partout ailleurs, on ne peut se permettre d'ignorer ce que de simples observations menées sur cette planète peuvent nous apprendre sur la nature de la vie. Et le fait est que la vie sur Terre s'est adaptée et a évolué de manière à ce qu'elle finisse par exister dans toutes les niches écologiques qui existent. Insectes, plantes, poissons, personnes et bactéries ne restent pas immuables. Ils ne se contentent pas d'atteindre un niveau de population stable et d'y rester. Nous devons supposer qu'il existe une volonté innée de se multiplier. Des formes de vie à la fois simples et extrêmement complexes se sont adaptées de façon stupéfiante afin de s'implanter dans de nouveaux territoires écologiques. (Quelque chose que les formes de vie font parfois en collaborant avec les souches existantes, mais aussi en entrant en conflit avec elles. Là aussi se trouve une leçon que l'humanité a besoin d'apprendre. Les conflits ne sont pas une aberration, mais la norme. Tant qu'il continuera d'exister d'autres tribus sur la planète, vous déposez les armes à vos risques et périls).

La pertinence de cette observation est que dans une autre partie de ce livre, nous parlons des théories selon lesquelles des êtres extra-terrestres vivent quelque part là-haut et que nous ne les avons tout simplement pas encore découverts. Cette idée peut être défendue, tant qu'on suppose que ces civilisations extra-terrestres n'aient pas encore atteint un stade très avancé - disons l'étape II ou III sur l'échelle de Kardashev. Parce que si elles l'ont fait, et s'il y a un peu de vrai dans l'hypothèse que ce qui se passe ailleurs est probablement très similaire à ce qui se passe ici, alors elles devraient être en train de coloniser l'espace. Et nous devrions être en mesure d'apercevoir ces colonies, même si nous ne sommes pas encore devenues l'une d'entre elles.

Une autre théorie mentionnée dans ce livre qui s'en trouve affectée, est celle qui prétend qu'il existe des civilisations extra-terrestres avancées et que nous ne les avons pas aperçues parce que nous ne possédons rien qui les intéresse et qu'elles n'ont tout simplement pas envie d'entrer en contact avec nous. Peut-être que ces extra-terrestres-là ne vont pas aux dîners mondains! Ou qu'ils y vont, mais qu'ils ne pensent pas à nous, habitants de la Terre, comme étant le genre de personnes avec lesquelles ils veulent passer la soirée. Et, encore une fois, cela ne colle pas avec ce que nous connaissons sur la nature de l'humanité. Si tel est en effet la position des extra-terrestres - s'ils pensent tout simplement que nous ne sommes pas suffisamment intéressants pour qu'ils aient envie de passer du temps avec nous ou à nous étudier - cela démolit l'hypothèse selon laquelle ce qui se passe sur Terre est très similaire à ce qui se passe autre part. En effet, un très grand nombre de colonisations entre humains ont eu lieu sur Terre au fil des siècles, et non parce que des humains croyaient que d'autres avaient quelque chose à leur donner, du moins, au-delà des minéraux, des plantes et d'autres formes de matières premières. Quand les Hollandais ont colonisé ce qui s'appelle maintenant l'Indonésie, ils ne l'ont pas fait parce qu'ils voulaient passer du bon temps avec la population locale. Les Britanniques ont colonisé l'Inde et ont tenté de coloniser ce qui s'appelait alors la Mésopotamie parce qu'ils pensaient pouvoir en tirer profit, mais le profit n'est pas la raison pour laquelle ils plantèrent leur drapeau sur les îles Tonga ou Christmas. Et la migration vers l'Amérique du Nord de ceux qui étaient alors des Anglais et des Écossais n'avait rien à voir avec le profit; leur but était uniquement de trouver un nouvel endroit où vivre. Bien sûr, leurs gouvernements respectifs les ont suivis en voulant leur faire signer des chartes en échange d'impôts et d'argent, mais ce qu'ils ont obtenu en retour fut la guerre de l'Indépendance américaine. La Nouvelle-Zélande a été colonisée par les Maoris avant que les Britanniques n'y viennent, les Maoris ayant traversé d'immenses distances à bord de vaisseaux fragiles, impliquant des voyages risqués qu'ils n'avaient pas *besoin* de faire et au bout duquel ils n'étaient pas mieux lotis matériellement parlant qu'ils ne l'étaient avant leur expédition. Nous pourrions continuer à citer d'autres exemples. Ce que nous voulons dire par là, c'est que les gens qui vivent sur Terre se déplacent. Ils migrent. Ils vont ailleurs, pas simplement pour l'argent, et pas simplement parce qu'ils n'ont pas ce qu'ils veulent là où ils sont, mais parce que la migration est un instinct humain profond.

Ce n'est pas non plus un instinct réservé aux humains. Car les animaux le font aussi, plus lentement, il est vrai, de même que les plantes.

Par conséquent, si la migration est un élément essentiel de la vie sur Terre, et si l'hypothèse est que les moteurs de la vie sur Terre sont aussi les moteurs de la vie sur de lointaines planètes, pourquoi n'avons-nous détecté aucune trace de colonisation et de migration dans tout l'univers?

ET LE MEURTRE ÉGALEMENT

Le meurtre remonte à l'apparition des premières créatures vivantes. Caïn et Abel étaient les fils d'Adam et Ève, et Caïn a assassiné Abel, jaloux que Dieu ait préféré le sacrifice d'Abel au sien. L'un des fils des tout premiers êtres humains sur Terre a assassiné l'autre, et vous aurez du mal à remonter plus loin que ça dans l'histoire humaine!

D'accord, Adam et Ève et leurs deux fils font partie des mythes de la Création, racontés par les premiers humains pour expliquer comment l'humanité a peuplé la planète. Mais pensez à ces migrants d'Indonésie, d'Inde, de Nouvelle-Zélande et d'Amérique du Nord. Ils ont été les premiers à habiter sur ces terres. Lorsque les

Maoris ont débarqué sur les côtes de la Nouvelle-Zélande, ils n'ont pas pu s'emparer du territoire avant d'avoir tué ceux qui y vivaient déjà ou en s'accouplant avec eux. Dans les faits, ils utilisèrent les deux méthodes. Les colons européens qui sont arrivés en Amérique du Nord et du Sud ont été la cause de chutes catastrophiques du nombre de personnes qui y vivaient. Une partie de ces pertes ont été liées au fait que les Européens ont amené avec eux des maladies contre lesquelles ils étaient immunisés, contrairement aux populations locales. Mais les maladies ne sont en aucun cas les seuls responsables de tous ces morts. Les colons eux-mêmes ont tué un nombre énorme d'individus. Mais ces gens-là qui sont décédés ne peuvent être qualifiés comme étant réellement des indigènes que si leurs ancêtres étaient bien les pionniers qui sont arrivés dans les Amériques entre 50 000 et 17 000 ans. Ce n'est que lors de la glaciation du Wisconsin, quand la mer a suffisamment reculé et que la glace a formé des ponts solides pour leur permettre d'effectuer la traversée, qu'on peut observer une source indigène. Or ce n'étaient pas eux. Les ancêtres de ceux qui sont morts avaient eux-mêmes anéanti les humains qu'ils avaient rencontrés là-bas. S'il y a quelque chose dont nous sommes sûrs en ce qui concerne la race humaine, c'est qu'elle semble avoir une tendance innée à vouloir asservir ou tuer les humains appartenant à des tribus différentes.

Qui plus est, ces massacres avaient lieu bien avant que les humains n'apparaissent sur Terre. Certains des tout premiers animaux étaient des herbivores, mais beaucoup d'entre eux se nourrissaient de viande, et ils n'allaient pas l'acheter au supermarché du coin. Ils ne se contentaient pas non plus de manger la chair des animaux qui étaient déjà morts. Ils sont devenus des bouchers pour pouvoir manger leurs dîners. Et on peut même remonter plus loin dans le temps, puisque certains de ces premiers organismes unicellulaires étaient des bactéries qui ont survécu en envahissant et en tuant d'autres organismes unicellulaires.

POURQUOI EST-CE QUE PERSONNE N'A ASSERVI OU TUÉ LES HABITANTS DE LA TERRE?

L'objectif de la section précédente n'était pas de faire peur ou d'argumenter en faveur d'une interdiction de l'exploration extra-terrestre, par crainte de ce dont seraient capables les civilisations que nous découvririons. S'ils possèdent la technologie leur permettant de coloniser notre système solaire, ils savent déjà où nous habitons. Le fait que la Terre n'ait pas encore été colonisée et que son peuple n'ait pas été asservi ou anéanti est une bonne raison de croire qu'il n'existe pas de civilisation capable de le faire. Parce que, aussi dérangeant que ce soit à entendre, si les extra-terrestres ressemblent aux humains, c'est précisément ce qu'ils auraient fait. Ils seraient venus ici, « tout simplement parce que ça existe », parce que c'est ce que font aussi les habitants de la Terre, et ils auraient procédé à l'asservissement et à l'extermination de tous ceux qu'ils auraient trouvés ici, parce que c'est ainsi que le peuple de la Terre se comporte.

Il est bien sûr possible qu'une civilisation extra-terrestre avancée n'adopte pas la même position belliqueuse que celle des humains. Il est également possible qu'une civilisation extra-terrestre, quand elle était moins avancée qu'elle ne l'est maintenant, adopte la même position belliqueuse que l'homme, mais se soit depuis développée au point qu'elle aurait dépassé cette position initiale, peut-être à la suite d'une série de conflits catastrophiques sur sa planète natale. Si vous voulez un exemple, regardez l'histoire de la France. Les guerres de religion entre catholiques et protestants y ont été si vicieuses qu'en 1572, lors du massacre de la Saint-Barthélemy, attisées par la mère du roi qui faisait partie des Medici, des foules de catholiques ont assassiné entre dix mille et soixante-dix mille protestants français. Si cela peut sembler peu à l'échelle d'aujourd'hui, il faut se rappeler que la population de la France à l'époque était seulement d'environ quinze millions d'habitants et que ce massacre est survenu à la suite de plusieurs autres saccages de taille similaire lors d'une sanglante période de chasse envers tous ceux qui refusaient de se soumettre à la religion d'État.

Et, bien que cela ne se soit pas produit juste après, c'est la raison pour laquelle l'Église et l'État demeurent strictement séparés à l'heure actuelle en France. Les explosions de violence les plus sanglantes sont parfois ce qu'il faut pour que les peuples réalisent que la cause de cette violence doit être écartée. Les Français ont ainsi réussi à proscrire la religion comme cause de violence et il se peut qu'une civilisation étrangère avancée ait réussi à proscrire les différences tribales (dans ce cas, les différences entre eux et nous) comme motif suffisant pour anéantir une autre civilisation. Avant d'en tirer un trop grand réconfort cependant, nous devrions garder à l'esprit qu'une grande partie de l'Europe a été laissée en ruines par l'armée française lors du règne de Napoléon. Ce ne sont pas des idées sur la douceur de la paix qui ont mis fin à la destruction dont Napoléon fût responsable; ce fut le belliqueux duc de Wellington, aidé par l'armée britannique et les Prussiens, deux autres groupes qui ne sont pas exactement connus pour leur aversion à la violence.

Le taux de meurtre en Angleterre est d'aujourd'hui environ 1 meurtre pour 100 000 habitants. À l'époque de la reine Elizabeth I au XVIe siècle, il était de 5 meurtres. Trois cents ans plus tôt, il était de 20 meurtres. On pourrait donc argumenter que certaines parties de la civilisation humaine au moins sont devenues plus pacifiques et moins meurtrières au cours des siècles. On pourrait également argumenter que ce désir de coloniser et de dominer les autres est aussi puissant qu'il ne l'a jamais été et que les gens ont juste développé de nouvelles façons de dominer et d'asservir les autres sans qu'ils finissent avec du sang sur les mains.

NOUS COLONISERIONS - POURQUOI N'EN ONT-ILS PAS FAIT AUTANT?

Assez parlé de violence et de meurtre. Les humains sont déjà en train d'explorer l'espace, mais des corps humains vivants n'ont été présents que sur de courts périples vers la Lune et en orbite autour de la Terre. Pour l'instant. Un simple coup d'œil sur l'histoire de la race humaine et ses habitudes suffit à nous dire que, dès lors qu'elle aura atteint l'étape correspondante sur l'échelle de Kardashev et qu'elle sera capable de voyager dans les parties plus reculées de l'espace, les gens s'y rendront. Les voyages spatiaux qui sont actuellement disponibles ne sont pas réservés qu'aux gouvernements. Des milliardaires offrent à d'autres très riches individus la possibilité d'effectuer un bref voyage dans l'espace - si ce n'est à ce moment précis, du moins très bientôt. Nous pouvons être à peu près sûrs que c'est quelque chose qui continuera. Quand un Elon Musk ou Richard Branson du futur demandera aux gens s'ils sont intéressés par un voyage vers Mars, et un Richard Branson ou Elon Musk d'un futur encore plus éloigné fera de la publicité pour des voyages (presque assurément sans tickets de retour) vers des planètes qui sont au-delà de notre système solaire, toute étude du comportement humain nous dit que certaines personnes achèteront des billets. Pas tout le monde, malgré les mauvaises conditions de vie qui existaient en Irlande, la majorité de la population y est restée plutôt que de monter à bord d'un bateau en direction de Liverpool ou de New York, mais certains ont émigré d'Irlande et d'autres émigreront de la Terre. Ils le feront à cause de cette volonté innée d'aller voir comment la vie est ailleurs.

Tout cela nous indique qu'une civilisation suffisamment avancée qui existerait ailleurs dans cette galaxie ou, si elle est suffisamment avancée sur l'échelle de Kardashev, dans une autre galaxie devrait être en train de migrer vers d'autres planètes, dont l'une d'entre elles, puisqu'elle est certifiée comme étant une planète habitable, devrait être la Terre. Or, elle ne l'a pas fait. Et Robin Hanson, quand il parle du Grand Filtre, nous invite à réfléchir à certaines des raisons les moins séduisantes qui expliqueraient pourquoi elles n'auraient pas été en mesure de le faire.

LE GRAND FILTRE

Robin Hanson énumère les différentes étapes du développement biologique depuis son début jusqu'où nous sommes actuellement. Il commence avec un système stellaire adéquat. Ce qui est nécessaire ensuite, c'est quelque chose comme l'ARN, l'acide ribonucléique sans lequel, par exemple, l'information génétique ne peut pas être codée et transmise. La vie monocellulaire commence et est suivie par des formes de vie qui sont toujours unicellulaires, mais aussi plus complexes. Ensuite, nous passons à une reproduction sexuée, qui est nécessaire pour que la vie multicellulaire puisse commencer à exister et, après d'immenses périodes, des animaux aux cerveaux plus développés commencent à utiliser des outils, ce qui signale l'émergence de la technologie. Subséquemment, nous dit Hansen, nous arrivons au stade où nous nous trouvons actuellement. Il a le bon goût d'admettre qu'il ne s'agit pas là d'une liste exhaustive des étapes traversées par la Terre et les humains. Dans le futur, il y aura une prochaine étape qui verra la combinaison des développements technologiques et biologiques qui conduiront à ce qu'il appelle une « grande explosion » qui ressemblera à celle dont fût responsable Christophe Colomb, mais qui aura lieu cette fois dans l'espace et non pas sur les océans.

Toutes ces choses-là ont déjà eu lieu ici sur Terre, mis à part la grande explosion qui nous emmènera dans l'espace. Hanson souligne le fait que l'élaboration et la vérification des hypothèses sur toutes les étapes biologiques jusqu'à ce jour ont nécessité le travail de certains des plus brillants génies scientifiques, et que les explications qui ont été avancées au sujet de ces étapes sont tout à fait plausibles. Il dit aussi que, quelque part dans tout ça, « la théorie de quelqu'un est erronée ».

Notre univers semble être presque entièrement mort. La conclusion qu'on peut en tirer doit être que d'immenses obstacles s'opposent au développement de formes de vie si avancées qu'elles parviennent à devenir « explosives ». Un meilleur terme qu'explosif dans le monde d'aujourd'hui pourrait être « virale », qui suggère, comme dans les réseaux sociaux, que la vie trace un chemin qui s'avère être irrésistible pour elle, et qu'elle le « partage » encore et encore jusqu'à ce qu'elle remplisse l'univers tout entier.

Hanson félicite les biologistes et les autres scientifiques qui ont développé des théories tout à fait plausibles sur la manière dont la vie se développe. Comme exemple de la plausibilité de telles théories, consultez l'explication de Richard Dawkins sur la façon dont le globe oculaire a vu le jour. Il ne pourrait y avoir de plus rationnel éclairage (excusez le jeu de mots) que celui-ci. Et elle a pour double avantage de ne pouvoir être testée ou réfutée. Mais est-elle pour autant correct? Et comme le souligne Hanson, la plausibilité de ces théories a été responsable d'autant d'estimations sur le nombre incalculable de civilisations avancées qui doivent exister quelque part dans l'univers que la beauté d'Hélène de Troie a été responsable de départs de navires de guerre. Les navires ont trouvé leur cible. Les recherches de civilisations avancées ne l'ont pas encore fait.

L'ERREUR THÉORIQUE EST-ELLE DERRIÈRE NOUS OU DEVANT NOUS?

Il est difficile d'aller à l'encontre de l'opinion de Hansen selon laquelle le fait que l'univers semble être presque entièrement mort (l'exception étant la Terre) signifie qu'au moins une des étapes du « filtre », c'est-à-dire les étapes qui commencent par la découverte d'un système stellaire adéquat jusqu'à l'explosion de la colonisation de l'espace, doit être beaucoup moins aisée à franchir que ce que les théoriciens ont pensé jusqu'à présent. Mais laquelle? Si une des étapes que la Terre a déjà franchies est en fait beaucoup plus difficile à franchir que ne l'a été supposé jusqu'ici, alors les formes de vie qui se sont développées indépendamment sont beaucoup moins susceptibles d'exister.

Supposons maintenant que l'hypothèse du goulot de Gaia soit au moins en partie correcte, et que le développement de la vie jusqu'à un certain point soit non seulement facile, mais inévitable. Cela signifierait que le blocage, l'événement critique dans le filtre, est encore devant nous et non pas dans notre passé. Il est possible que nous ne soyons jamais en mesure de nous développer suffisamment pour atteindre ce stade II sur l'échelle de Kardashev, au cours duquel nous exploserons dans l'espace et coloniserons de lointains systèmes solaires, parce que quelque chose va intercéder et empêcher ce développement.

Hanson recommande d'examiner attentivement la théorie sur les étapes de l'évolution que la Terre a prétendument déjà passées pour voir si certaines d'entre elles semblent plus vraisemblables qu'elles ne le sont en réalité. Selon lui, dénicher une telle étape serait quelque chose de positif, car s'il s'avère que toutes les étapes évolutives sont aussi simples que les théories actuelles le laissent penser, la conclusion obligatoire doit donc être que le filtre est plus long qu'il n'y paraît et que des obstacles se dressent devant nous qui sont des obstacles tellement imposants qu'aucune civilisation antérieure de l'univers n'a été capable de les surmonter. Et si c'est le cas, l'avenir de l'humanité semble alors être bien sombre.

Mais peut-être et contrairement à la plupart des économistes, Hanson est un optimiste, qu'il est possible d'imaginer des perspectives un peu moins ténébreuses. Hanson recommande d'examiner avec attention certaines des choses qui peuvent mal tourner. Guerre nucléaire. Désastre écologique. Défaillance des systèmes de sécurité qui protègent les centrales nucléaires. Propagation dans la nature d'une toxine développée à des fins militaires. Virus ayant muté pour devenir fatal. Il existe une très longue liste de désastres qui pourraient avoir lieu sur cette planète et y effacer toutes formes de vie, faisant de la Terre une planète aussi morte et stérile que l'univers tout entier semble l'être.

L'ÉQUATION DE DRAKE

L'équation de Drake a été formulée afin d'estimer combien de civilisations avancées au point qu'elles sont capables de communiquer pourraient exister dans l'univers :

$$N = R * \bullet fp \bullet ne \bullet fl \bullet fi \bullet fc \bullet L$$

Où ceci :

N = Le nombre de civilisations dans notre galaxie qui émettent des émissions électromagnétiques détectables

R * = La vitesse à laquelle se forment les étoiles capables d'héberger des systèmes planétaires où la vie intelligente peut se développer

fp = Le pourcentage de ces étoiles qui possèdent des systèmes planétaires

ne = Le nombre moyen de planètes dans le système solaire qui ont un environnement dans lequel la vie pourrait éventuellement se développer

fl = Le pourcentage de ces planètes où la vie apparaît effectivement

fi = Le pourcentage de planètes sur lesquelles des formes de vie simples existent qui deviennent ensuite des formes de vie intelligentes

fc = Le pourcentage de civilisations qui développent des technologies capables d'émettre des signes détectables indiquant qu'elles existent dans l'espace

L = La période pendant laquelle de telles civilisations émettent des signes détectables indiquant leur existence dans l'espace

Il est toujours bon d'avoir une équation. Celle-ci est assez populaire parmi les chercheurs de vie extra-terrestre. Elle est composée d'un nombre impressionnant de variables, qui toutes peuvent être justifiées. Elle n'a en réalité que deux inconvénients : le fait qu'il ne soit pas possible d'associer une valeur raisonnable à aucune de ces sept variables; et le fait qu'un certain nombre de variables appartiennent plus au domaine de la biologie que de l'astronomie - or Frank Drake, qui a composé l'équation de Drake, était un astronome.

Les biologistes ont remis en question l'équation depuis qu'elle a été publiée pour la première fois en 1961. L'une des variables qu'ils contestent, bien qu'elle ne soit pas la seule, est fc, qui est liée au développement de la technologie. Toute forme de technologie sur Terre, y compris la plus avancée, a pour point de départ le moment où les tout premiers humains ont commencé à utiliser les outils les plus simples. Nous ne saurons jamais quel fut le premier outil - peut-être un silex pointu capable de fendre la coquille d'une noix de coco pour y récolter sa chair et son lait; peut-être un bâton qui a permis d'éventrer un nid d'abeilles afin d'y récolter le miel; peut-être un instrument de guerre; peut-être quelque chose de complètement différent. Ce que nous savons, c'est que l'accomplissement humain qui a consisté à passer de ce moment-là à ce que Hanson appelle « l'utilisation importante d'outils » ne fût pas quelque chose de commun. En réalité, il semble probable que ce genre d'utilisation d'outils ne se soit développé qu'une seule fois, et qu'il se soit répandu lorsque les personnes qui en étaient capables l'ont apporté à des individus qui ne l'étaient pas, souvent à la suite de migrations, ce qui a assez souvent été considéré comme étant un acte de guerre. Les biologistes disent donc que l'utilisation importante d'outils a pu n'être qu'un accident évolutif, du genre qui fût à la fois improbable et que ce soit ici ou partout ailleurs dans l'univers, extrêmement rare.

ÉVOLUTION EXCEPTIONNELLE ET ÉVOLUTION ÉTAPE PAR ÉTAPE

Certaines étapes du processus évolutif ne surviennent qu'une fois et sont rapidement couronnées de succès, rapidement à l'échelle de l'évolution. Hanson utilise l'exemple du type de système solaire capable d'héberger des planètes habitables où la vie peut se développer. Si la vie exige un type particulier de système solaire, le succès de cette étape se fait soit lors de la formation du système solaire soit pas du tout. Rien ne va pouvoir changer plus tard le type de système solaire dont il s'agit. D'autres étapes, et la théorie de Dawkins sur le développement du globe oculaire en est un exemple, peuvent se produire graduellement et par tâtonnements. Voilà comment fonctionne l'évolution, étant donné notre niveau de connaissance sur le sujet. Un organisme peut muter qu'une seule fois d'une façon qui produira un avancement. Le même organisme peut muter dix, cent, mille ou même plus, pour finalement se rendre compte que chaque mutation était un pas de plus dans une impasse, les transformations n'apportent aucun avantage et sont donc abandonnées.

Nous sommes en mesure d'étudier comment la vie a évolué sur Terre, car des archives fossiles existent. Et ce que ces archives nous montrent, c'est que depuis que la Terre existe, il y a eu cinq périodes séparant les changements évolutifs importants d'une durée à peu près équivalente. Les premiers fossiles unicellulaires qui ont été découverts datent d'il y a 4 ½ milliards d'années, ce qui signifie qu'ils ont vu le jour moins d'un milliard d'années après le refroidissement de la Terre. Deux milliards d'années plus tard, des fossiles ont été laissés sur Terre par des organismes là aussi unicellulaires, mais bien plus grands et plus complexes. Près d'un milliard d'années plus tard, le rythme de l'évolution s'est accéléré et la propagation du sexe est responsable de ce changement de vitesse, et d'assez grands fossiles provenant de formes de vie multicellulaires ont été découverts. Plus d'un demi-milliard d'années plus tard, et vous êtes en train de lire ce livre.

Il est bien sûr possible qu'il y ait eu d'autres formes de vie avant ces premiers fossiles unicellulaires, mais si c'est le cas, ils ont existé avant les premières roches connues dans lesquelles nous sommes en mesure de découvrir des fossiles. Nous ne pourrons donc jamais faire connaissance avec elles. Ce dont nous sommes sûrs, c'est que les premières formes de vie sont apparues lors du demi-milliard d'années qui a suivi le refroidissement de la Terre, et peut être même avant. À cela, nous pouvons ajouter la probabilité que la vie ait pu se développer dans cette période-là, opportunités qui n'existaient plus subséquemment, puisque la Terre lors de ses 700 premiers millions d'années de refroidissement était un lieu vastement différent de la Terre que nous connaissons aujourd'hui. Si la vie ne s'est pas développée sur Terre à ce moment-là, aurait-elle pu se développer un milliard d'années plus tard? Peut-être. Mais peut-être pas. Cette question, quelle combinaison d'environnement et de circonstances est nécessaire pour que la vie apparaisse, est l'une des grandes inconnues de l'évolution. Les paléobiologistes peuvent théoriser et émettre des hypothèses, et certaines de ces théories et hypothèses peuvent paraître très convaincantes (tout comme le globe oculaire de Dawkins) mais il est fort probable que les prouver demeurera toujours quelque chose que nous ne sommes pas en mesure de faire.

Une autre chose dont nous sommes sûrs, c'est que quand ces formes de vie unicellulaires plus grandes et plus complexes que nous étudions désormais sous forme de fossiles sont apparues, la Terre avait développé une atmosphère dans laquelle l'oxygène était prédominant, et la raison est que tout le fer contenu dans l'océan s'était oxydé par un processus très lent. Ces organismes complexes ont besoin d'oxygène afin de respirer.

Ce qui est connu sous le nom d'explosion cambrienne s'est produit il y a environ 600 millions d'années, elle s'est produite à une époque où l'âge de glace le plus intense que la Terre n'ait jamais connu touchait à sa fin et qu'un supercontinent se morcelait.

Puis, il y a 65 millions d'années, une extinction de masse eut lieu qui mis fin à l'existence des dinosaures. Lorsque les dinosaures disparurent, la voie fût plus ouverte qu'elle ne l'était auparavant pour que mammifères et oiseaux se développent. Et à un moment donné, la taille des cerveaux augmenta. Comment est-ce arrivé? Il existe beaucoup de théories, mais aucun fait prouvable.

Ainsi nous comprenons pourquoi les biologistes et Robin Hanson, qui est un économiste et non pas un biologiste, sont sceptiques à l'égard de l'équation de Drake.

OBSTACLES POTENTIELS SUPPLÉMENTAIRES À L'EXPLOSION DE LA COLONISATION DANS L'ESPACE

Les astéroïdes. Dans la section précédente, nous avons parlé de l'extinction de masse qui a anéanti les dinosaures il y a soixante-cinq millions d'années. Pas seulement les dinosaures, mais les trois quarts des êtres vivants sur terre à l'époque. Un astéroïde en fût la cause. Il a laissé un cratère d'environ cent soixante-dix-sept kilomètres de diamètres et a projeté dans l'atmosphère de telles quantités de débris qu'on pense que toute lumière fût bloquée pendant des années. Nous savons où s'est produit l'impact puisque le cratère a été découvert. Les preuves dont nous disposons montrent que cet astéroïde avait un diamètre d'environ dix kilomètres. C'est énorme, et la plupart des astéroïdes sont bien plus petits. Mais pas tous. Aucun astéroïde d'une telle taille ne devrait entrer en collision avec la Terre dans les vingt ou trente prochaines années, mais il existe des astéroïdes qui éclipsent celui qui a tué les dinosaures et, tôt ou tard, il est inévitable que l'un d'entre eux entre en collision avec la Terre. « Tôt ou tard » en termes astro-géologiques se mesure en millions d'années, et il est peu probable que les arrière-petits-enfants de tous ceux qui vivent sur Terre aujourd'hui perdront la vie à cause d'un astéroïde. Néanmoins, c'est quelque chose qui va arriver à un moment donné, très probablement avant que la Terre n'ait atteint l'étape II sur l'échelle de Kardashev, et encourager le développement des technologies pour empêcher un tel scénario, soit en le faisant exploser avant qu'il n'arrive ici, soit en le détournant de sa trajectoire, serait une sage précaution.

La maladie. Au XIVe siècle, la peste noire a tué cinquante millions de personnes en Europe, soit près des deux tiers de la population. Aujourd'hui bien sûr, non seulement savons-nous, ce qui n'était pas le cas à l'époque, ce qui a causé la maladie et a contribué à sa propagation, mais nous avons aussi grandement amélioré les technologies médicales et les antibiotiques. Par conséquent, serions-nous en mesure de traiter une épidémie similaire d'une dangereuse maladie? Vous pensez? Plus de dix-huit millions de personnes, civils et militaires, sont mortes pendant la Première Guerre mondiale. Alors que la guerre touchait à sa fin, une épidémie de grippe a balayé la planète tout entière et tué entre 50 et 100 millions de personnes. Nous ne pouvons savoir avec précision combien, car certains d'entre eux vivaient si loin, dans la forêt amazonienne par exemple, que leurs morts ne furent pas remarquées et encore moins comptabilisées. Depuis lors, nous avons eu de grosses frayeurs avec des crises d'Ebola, du SIDA et d'autres infections qui ont été maîtrisées jusqu'à présent. Ce serait une folie de parier que plus jamais encore une épidémie ne parviendra à vaincre les défenses humaines.

La guerre. Répétons-le : plus de 18 millions de personnes sont mortes pendant la Première Guerre mondiale. La guerre est atrocement destructrice, et elle est effroyablement difficile à éviter.

Ce ne sont là que trois des types de barrières qui peuvent aujourd'hui encore faire partie du Grand Filtre, et que l'humanité pourrait ne jamais franchir. Le réchauffement climatique est également une possibilité. Il s'agit d'un sujet qui génère beaucoup de surexcitation et pas assez d'arguments logiques. Le réchauffement planétaire et le refroidissement global ont toujours fait partie de l'écologie de cette planète, et sa composante artificielle est en réalité assez petite. Puisqu'il existe des signes selon lesquels la Terre pourrait entrer dans une nouvelle mini-période glaciaire, il est même possible que la composante humaine du réchauffement de la planète vienne à la rescousse de l'humanité au lieu de la détruire. Le fait est que nous n'en savons pas assez sur les cycles météorologiques au cours des 20 000 dernières années pour en être sûrs.

Il est utile de se rappeler que, bien que la menace d'un changement quelconque ait tendance à être accompagnée par des prévisions catastrophiques, un changement qui semble désastreux à un moment donné peut parfois se révéler être un avantage à long terme. Prenons la peste noire par exemple. Comme nous l'avons dit, elle a anéanti près des deux tiers de la population européenne, mais pour ceux qui ont survécu, ce ne fut pas du tout un désastre. En Angleterre, par exemple, il y eut une telle pénurie de main-d'œuvre agricole, étant donné que la plupart des ouvriers agricoles étaient décédés, que ceux qui ont survécu ont été libérés du servage auquel ils étaient auparavant assujettis. La société avait besoin qu'ils deviennent plus mobiles, et ils ont par conséquent été autorisés à déménager. Nous venons de souligner le fait que la part du réchauffement de la planète dont l'humanité est responsable pourrait s'avérer être une aubaine, et non un désastre comme certains le disent actuellement. La simple vérité est que nous ne le savons tout simplement pas. Les données sont insuffisantes, et les gens ont pris position d'un côté ou de l'autre du débat sans qu'ils aient suffisamment de respect pour les vraies preuves. « Vous ne comprenez pas la science » n'est pas une réponse acceptable à ceux qui remettent en question certaines des théories sur le réchauffement climatique quand elle vient de personnes dont la plupart, soyons francs, ne comprennent pas la science. Deux faits notables tandis que nous passons de 2017 à 2018:

- Non seulement les calottes glaciaires ne sont pas en train de disparaître, elles sont en fait en train de s'épaissir; *et*

- Le nombre d'ours polaires ne diminue pas, il augmente.

Comme nous l'avons dit auparavant, ce livre ne concerne pas ce débat-là. Il convient toutefois de se rappeler que, dans de nombreux cas, nous ne savons pas vraiment ce que nous pensons savoir. Ce que Robin Hanson et le Grand Filtre nous apprennent, c'est que nous avons besoin de bien moins de prises de position et d'insultes et de bien plus d'études soignées et de publication des faits.

Dans le cas contraire, il se pourrait que l'avenir de la race humaine soit compromis.

CHAPITRE 7

LE GRAND SILENCE

Le paradoxe de Fermi pose la question de savoir pourquoi, si l'univers fourmille de civilisations avancées, nous n'avons entendu parler d'aucune d'entre elles. C'est une question intéressante qui a préoccupé un grand nombre de personnes depuis longtemps, mais elle pourrait être inversée : si l'univers regorge de civilisations avancées, pourquoi aucune d'entre elles ne nous a-t-elle entendus? Car le SETI ne s'occupe essentiellement que d'un des deux sens. Nous tendons l'oreille dans l'espoir d'entendre des messages envoyés par des formes de vie avancées venant d'ailleurs dans l'univers, mais nous-mêmes n'envoyons presque jamais de signaux en direction de ces formes de vie avancées. (Voir le chapitre 12). Imaginons que ces civilisations-là aient la même approche que nous. Supposons qu'ils écoutent, mais ne parlent pas? Serait-il possible qu'il existe des postes d'observation partout dans l'univers, où l'équivalent d'un être humain est assis à son récepteur radio, un casque sur ce qu'il a comme oreilles, se demandant « Personne ne nous parle. N'y aurait-il personne d'autre dans l'espace? »

Voilà une des versions du Grand Silence. Il y en a d'autres.

NOUS N'EN VALONS PAS LA PEINE

Un des arguments du Grand Silence est qu'aucune civilisation avancée n'est entrée en contact avec la Terre ni ne l'a visitée, parce que le faire n'aurait rien de bénéfique pour eux. Nous ne possédons rien qui les intéresse. Ils ont accès à toute l'énergie et à toutes les matières premières dont ils pourraient avoir besoin, et quant à nos technologies les plus avancées, elles les font bien rire! Rien que l'idée que nous venons à peine de découvrir l'impression 3D! S'ils nous avaient observés il y a une vingtaine d'années, ils auraient été témoins du développement des premières montres digitales, et qu'alors qu'il suffisait auparavant de tourner son poignet pour consulter l'heure il nous fallait maintenant appuyer sur deux boutons - un pour allumer l'écran de ce merveilleux nouvel appareil que nous venions de concevoir et un pour le forcer à nous dire quelle heure il était. Ceux d'entre eux à l'âme douce et maternelle auraient peut-être souri et dit : « Comme c'est mignon! » Ceux pourvus d'une nature moins compréhensive auraient, eux, peut-être bien éprouvés du mépris.

Conséquemment, ils ne nous parlent pas. Eux-mêmes ont de jeunes frères et sœurs à la maison, des neveux et des nièces, et ils savent bien ce qui se passe si vous invitez quelqu'un qui est moins développé que vous à vous suivre. Vous devez leur acheter des crèmes glacées. Vous devez leur expliquer tout ce qu'ils ne comprennent pas, et on pourrait remplir un gros ouvrage avec les choses qu'ils ne comprennent pas. Vous devez leur lire des histoires quand vous préfériez aller jouer au hockey. Cela ne vaut tout simplement pas le coup.

D'un autre côté, ils savent que nous parviendrons un jour à un niveau de développement suffisant. Ou du moins si, nous ne nous faisons pas exploser en utilisant quelque chose que nous aurions dû utiliser comme source d'énergie pour en faire une arme. Nous y parviendrons, puisqu'eux l'ont fait. Mais c'est quelque chose qui leur a pris du temps, et il est peu probable que nous soyons plus rapides qu'eux. Après que leur civilisation ait atteint le niveau auquel la Terre se trouve aujourd'hui, il leur fallut encore cinquante millions d'années pour arriver là où ils se trouvent maintenant, et par conséquent ils ne nous considèrent pas comme étant un problème urgent, et se contentent d'envoyer une sonde tous les millions d'années, juste histoire de voir si on s'entend bien entre nous.

C'EST UNE QUESTION DE MORALITÉ (OU UNE QUESTION RELIGIEUSE)

Devenir une civilisation de type III sur l'échelle Kardashev n'est pas quelque chose de facile. Oui, elles existent quelque part, mais toutes celles qui y sont parvenues l'ont fait de justesse. Moralement, leur point de départ fut tout aussi affligeant que celui du peuple de la Terre. S'ils convoitaient quelque chose que d'autres avaient, ils le « découvraient ». Tout comme Christophe Colomb a « découvert » l'Amérique et le capitaine Cook a « découvert » l'Australie. Des gens existaient déjà dans ces deux contrées, mais les découvreurs ont décidé que les découverts étaient des êtres inférieurs et ont découvert avec certitude qu'ils étaient bien moins armés. S'ils avaient des scrupules, ils sont allés voir un prêtre qui leur a dit qu'ils ne faisaient que la volonté de Dieu et que Dieu serait avec eux tout le long du périple. Éventuellement, beaucoup de leurs descendants éprouvèrent une certaine culpabilité et une honte pour ce qui était arrivé aux autochtones. Les prêtres, aussi, se sont dit qu'il était possible que la volonté de Dieu n'ait pas été interprétée avec la plus grande des précisions. Mais de tels sentiments n'ont été ressentis qu'à une époque très opportune. Une époque où ces descendants contrôlaient totalement la Terre ainsi que tout le pouvoir, et pouvaient se permettre de se sentir bienveillants envers les quelques rares « indigènes » restants.

Et ce fut ainsi pour d'autres civilisations dans de lointaines galaxies. Elles ont elles aussi traversé une très longue période durant laquelle leur attitude naturelle ou par défaut était conflictuelle. Toutes se sont développées à partir d'un seul couple, qui pourrait être considéré comme étant les aïeuls de leurs espèces, tout comme Adam et Ève représentent les premiers humains, mais ils se scindèrent en tribus en se propageant sur leurs planètes. La loyauté envers la tribu était absolue; l'attitude de base envers quiconque appartenait à une autre tribu allait de la suspicion à l'hostilité pure et simple. Cette tendance était si forte, et ce concept si absolu dans toutes les civilisations de la planète qu'il nous faut assumer que le tribalisme est un moteur essentiel et puissant, un moteur indispensable à la vie.

Une autre chose que toutes ces civilisations ont faite à leurs débuts fut de pénaliser la moitié de leur population pour avoir commis l'infraction d'être née du mauvais sexe. Tantôt les individus qui étaient opprimés étaient des « femelles » et tantôt ils étaient des « mâles », mais dans tous les cas une forme d'oppression existait. Là aussi, la tendance fut si forte qu'il devait y avoir de bonnes raisons en termes d'évolution pour qu'elle le soit.

Mais ce qui avait jadis été une force en faveur d'un progrès évolutionniste devint un frein à ce même progrès. Il devint nécessaire d'attirer plus de monde dans la main-d'œuvre rémunérée que ne l'était possible en n'utilisant que la moitié de la population, et par conséquent l'autre moitié fût incitée à quitter et à travailler ailleurs qu'à la maison. Ce changement leur a été présenté comme étant une progression des libertés, et ce fût en effet le cas, mais ce qui la rendit nécessaire ne fût pas (comme le suggèreront plus tard les livres d'histoire) une volonté d'égalité, mais une nécessité économique.

De la même manière, les transformations technologiques ont eu pour conséquence qu'il n'était plus nécessaire d'occuper un pays riche en matières premières pour en contrôler les richesses. Il n'était plus nécessaire de disposer de façon permanente de grandes armées terrestres et marines, puisque certaines nations avaient développé des armes nucléaires ainsi que les systèmes nécessaires pour les envoyer sur des cibles éloignées. Et en conséquence les gens se sont dit qu'ils étaient devenus plus pacifiques et plus tolérants. Leurs grands-parents avaient trouvé normal d'envoyer des armées contre de populations moins avancées qu'eux, ou qui étaient tout aussi avancées, mais qui les avaient contrariés d'une façon ou d'une autre, ils n'avaient pas la même religion, pas le même point de vue politique, n'acceptaient pas d'être dominés par une autre tribu. Mais regardez aujourd'hui! Ces besoins-là ont disparu. Ils n'avaient plus qu'une assez petite armée, une dont l'objectif principal était la défense et non l'attaque. Ils étaient devenus plus pacifiques et donc de meilleures personnes.

Bien sûr, ils possédaient des armes nucléaires, et le risque avec les armes nucléaires, c'est que vous avez le pouvoir de vous détruire vous-même ainsi que tous ceux qui vivent sur la planète. Et, dans certains cas, c'est ce qui s'est passé, et la planète en question n'est jamais parvenue au stade III de l'échelle de Kardashev, parce qu'elle avait détruit toutes formes de vie existante avant même d'avoir achevé le Type I. Cependant, certaines ont bien franchi cet obstacle, et la fiction selon laquelle elles étaient parvenues à développer des moyens de cohabiter pacifiquement avec d'autres tribus s'est durcie jusqu'à devenir quelque chose qui s'approche du dogme religieux. Faire la guerre était quelque chose de mauvais, personne ne pouvait le contester. Faire la paix, par conséquent, était quelque chose de bon, même si le prix à payer était que cette domination continue sous une forme beaucoup plus subtile. Ceux qui avaient le pouvoir ont fait en sorte que ceux qui ne l'avaient pas ne puissent s'exprimer assez fort pour être entendus par d'autres, qui auraient eu vent des souffrances dont d'autres étaient toujours victimes.

STAR TREK N'EST PAS QU'UNE FICTION, ET LES ORDRES GÉNÉRAUX EXISTENT VRAIMENT

Star Trek, c'est de la fiction bien sûr. Une fiction imaginée par un groupe de scénaristes. Mais l'histoire est pleine d'idées conçues par des écrivains qui ont été ensuite confirmées ou se sont matérialisées grâce aux progrès des technologies et des connaissances. Star Trek s'est penché sur la question du Grand Silence et a suggéré le concept de la Directive Première, La Directive de Non-Interférence.

L'histoire en question commence il y a une cinquantaine d'années de cela quand les Vulcains adoptent des directives de non-interférence, mais comme les directives Vulcaines ne s'appliquent pas aux humains, il faut attendre trente ans pour que les humains soient concernés, lorsque le vaisseau Starship Enterprise est en train d'explorer la planète Fazi, peuplée par les Fazi et les Hipon. Voyant que les Fazi ne sont pas aussi développés que les humains, le capitaine Jonathan Archer souhaite partager des informations et des technologies avec eux. Les Hipon, qui sont plus avancés que les Fazi, lui demandent de ne pas le faire. T'Pol, qui deviendra plus tard un capitaine elle-même, mais qui n'est à l'époque qu'un des sous-commandants d'Archer, lui conseille de laisser les deux races qui existent sur Fazi se développer à leur propre rythme, et Archer décide que ses conseils sont avisés. Il estime qu'il devrait exister des lignes directrices sur la façon de faire face aux civilisations moins (décrites dans Star Trek comme étant des civilisations pré-warp) avec lesquelles Starfleet entre en contact.

Ces lignes directrices ne sont pas rédigées, et dans un certain nombre de cas cela conduit à ce que les auteurs de Star Trek appelèrent une contamination culturelle, qui eut des conséquences néfastes. Par conséquent, en 2165, Archer, maintenant amiral, décida qu'il était temps de créer un code officiel établissant ce que les officiers de Starfleet devraient faire lors d'un premier contact avec une civilisation pré-warp. Dix ans plus tard, le Conseil de ce qui était alors devenu la Fédération a rédigé une résolution de non-interférence, signée par tous les membres de la Fédération et qui fût pleinement opérationnelle en tant que Directive Première dans les années 2190. Ce que dit la Directive Première, c'est qu'aucun membre de Starfleet ne doit sciemment interférer avec le développement d'une civilisation pré-warp. Cependant, dans le cas où une civilisation pré-warp serait en désaccord avec une autre, les membres de Starfleet sont autorisés à faciliter la négociation d'accords et de compromis, mais uniquement avec l'accord des deux parties.

Quiconque a déjà dû négocier le déménagement d'un membre de sa famille dans une maison de retraite sera probablement familier avec ce qui s'est passé ensuite, car les maisons de retraite appartiennent à différentes catégories (les deux principales étant celles qui sont uniquement résidentielles et celles qui offrent aussi des soins infirmiers), ce qui signifie que les résidents potentiels doivent être évalués. Une évaluation était également nécessaire pour les civilisations pré-warp. On ne peut évaluer quelque chose, ou quelqu'un, avant d'avoir conçu une échelle et un ensemble de normes qui fonctionnent et qui soient acceptés; à cette fin, la Fédération a introduit l'échelle de culture de Richter, conçue afin d'évaluer le niveau atteint par une civilisation et suivre son évolution vers des standards plus élevés. L'échelle de Richter pouvait placer une civilisation dans plusieurs niveaux allants d'AA, le niveau le plus bas et qui signifiait que la civilisation n'utilisait pas d'outils, à Q, le niveau le plus élevé (voir le paragraphe suivant toutefois), et qui signifiait qu'elle ne possédait aucune technologie d'un avancement supérieur à ce qui était connu en termes de science théorique par la Fédération.

Il existait, en réalité, un niveau supplémentaire : XX. Pour appartenir à cette catégorie, la culture d'une civilisation devait être trop avancée pour être comprise par la Fédération, compte tenu de son niveau actuel de développement.

Bien. Mais il s'agit, comme nous l'avons dit, d'une fiction. Cela a-t-il une valeur quelconque dans le contexte de ce livre?

Il se trouve que oui. Ce qu'ont fait les scénaristes de Star Trek, c'est de s'attaquer à des questions morales précises en rapport avec le Grand Silence. Il se peut que la Terre et ses habitants soient dans le champ de vision de civilisations plus avancées, quelque part dans l'espace, et qu'elles soient prises de doutes d'ordre moral ou religieux (ou les deux) à l'idée d'entrer en contact avec nous. Qu'elles soient conscientes du fait que larguer des connaissances et des technologies et des mœurs d'une civilisation de type II ou III sur l'échelle de Kardashev sur une civilisation qui n'a pas encore atteint le type I pourrait causer plus de dégâts que de bienfaits. Ou qu'elles comprennent que nous ne sommes tout simplement pas prêts à utiliser ce qu'elles nous offrent, et que, dans l'état actuel du développement sur Terre, une faction ou plus d'une faction saisirait tout simplement ces technologies et elle chercherait à les utiliser pour asservir les autres. Et pourquoi ne craindraient-ils pas un tel scénario? Il s'agit assurément du modèle que la Terre a adopté dans le passé, et personne ne pourrait argumenter de manière convaincante que ce n'est plus le modèle actuel.

Peut-être que la Directive Première ou quelque chose d'équivalent, est donc la raison pour laquelle aucune civilisation n'est intervenue afin d'accélérer le progrès de la Terre.

L'argument qui peut être utilisé pour contrecarrer cette idée est que, même si elles ne nous aident pas, nous devrions quand même être en mesure de les apercevoir. Mais est-ce vraiment vrai? Étant donné le niveau de sophistication des technologies dont disposent les civilisations de type II et de type III, pas besoin d'une grande imagination pour se dire qu'elles possèdent les moyens de nous cacher ce qu'elles ne veulent pas que nous découvrions.

C'EST UN ZOO, ET NOUS FAISONS PARTIE DES ANIMAUX

Est-il possible que la Terre , ou du moins les créatures qui s'y trouvent, y compris les humains, ait été placée à l'instar d'échantillons dans un laboratoire par une civilisation plus avancée, afin qu'elles puissent étudier comment les choses évoluent? Une sorte d'expérience cosmique en sciences sociales? C'est effectivement une possibilité. Elle peut sembler improbable, mais elle ne peut pas non plus être exclue.

Si c'est le cas, nous sommes alors sous surveillance. Peut-être qu'en ce moment même, sur une planète lointaine un sociologue est sur le point de compléter sa thèse de doctorat, avec l'aide de technologies que nous ne pouvons même pas imaginer, sur ce qui se passe quand vous lâchez des gens sur une planète, leur donnez tout ce dont ils ont besoin pour survivre et avancer sur la route de l'intelligence, ainsi qu'un bon accès à la nourriture et de bonnes conditions atmosphériques, pour ensuite les laisser se débrouiller tout seuls. Il est même possible que de telles études aient pour objectif d'avertir des civilisations plus avancées sur ce qui peut arriver quand des êtres intelligents sont laissés à eux-mêmes et conçoivent leurs propres codes de conduite et leurs propres systèmes moraux, au lieu qu'un code qui leur est imposé. Il est aussi possible qu'une version alien de William Golding ait écrit une version alien de *Sa Majesté des Mouches*, décrivant comme s'il s'agissait d'une simple fiction à quel point ces mêmes êtres intelligents peuvent se déshonorer en cas d'absence d'un gouvernement moral responsable.

Il existe aussi une autre possibilité:

NOUS AVONS ÉTÉ ABANDONNÉS PAR ACCIDENT

Adam et Ève ont été envoyés ici dans un vaisseau spatial plus avancé que tout ce qui a été développé par la NASA jusqu'à présent et on leur a dit: « Partez et multipliez-vous. Faites en sorte que votre progéniture soit partout sur Terre. Nous garderons un œil sur vous, et des vaisseaux de ravitaillement arriveront de temps à autre, parce que ce que nous voulons que vous fassiez, c'est de construire une plateforme que nous pourrons coloniser lorsque la durée de vie de notre planète, qui est beaucoup plus ancienne que la Terre, touchera à sa fin. Et n'oubliez pas : ne touchez pas aux pommes.

Mais les vaisseaux de ravitaillement ont cessé de leur parvenir. Peut-être que le dernier d'entre eux est arrivé avec à son bord un homme barbu, sa femme, leurs enfants et toute une horde d'animaux en couples, mâles et femelles. Ils ont atterri sur le mont Ararat, mais personne n'est venu après eux. Pourquoi? Plusieurs raisons possibles. Peut-être que la planète natale s'est éteinte plus vite que prévu. Peut-être qu'ils ont trouvé une autre planète à coloniser plus près d'où ils étaient. Peut-être qu'il y a eu une guerre désastreuse qui les a ramenés à leur équivalent de l'âge de pierre. Peut-être qu'ils ont été frappés par une météorite géante ou un astéroïde et tout s'est terminé avant qu'ils ne puissent grimper dans leurs vaisseaux de sauvetage. Qui sait? Cette information a existé pendant un moment, mais Adam et Ève sont morts et Noé aussi, nous ne pouvons donc pas leur demander. Ils ont certainement transmis leurs histoires, mais les histoires sont déformées et se transforment au fil du temps. Peut-être que, bien des années plus tard, leurs descendants lointains ont écrit ces histoires, mais ce qu'ils ont écrit fût influencé par leurs propres conceptions de ce qu'ils voulaient comme conclusion à ces histoires, et c'est ainsi que ces histoires ont perdu leur fidélité. Et ces histoires sont par la suite tombées entre les mains des prêtres et des princes, qui avaient leurs raisons à eux de propager une représentation déformée d'où nous venions et de comment nous devrions nous comporter. L'une des règles amenées sur Terre par ces premiers colons a pu être : « Tu ne tueras point. » Et peut-être que cette idée ne convenait pas à ceux qui avaient le pouvoir, qui ont ajouté l'annexe : « À moins que nous te donnions un uniforme, des armes, et te l'ordonnions. »

ÇA POURRAIT ÊTRE PIRE

Stephen Hawking a dit que nous devrions nous estimer heureux qu'aucune civilisation extra-terrestre n'ait encore rendu visite à la Terre, et il a peut-être raison.

Le chapitre 6 évoquait toutes les brutalités que les puissants ont infligées à ceux qui avaient moins de pouvoir sur Terre, y compris l'asservissement et le meurtre. La Directive Première de Star Trek, évoquée ci-dessus, est le genre de code auquel une civilisation à la moralité hautement développée pourrait adhérer. Mais comment être certain que les visiteurs extra-terrestres sur Terre seraient issus d'une civilisation à la moralité hautement développée? N'est-il pas au moins aussi probable qu'ils auraient atteint leur position dominante actuelle en asservissant et en tuant ceux qui ne font pas partie de leur groupe? Sur leur propre planète, d'abord, et peut-être ensuite sur d'autres - avec la Terre simplement désignée comme dernière cible sur leur liste?

Asservir et tuer sont deux objectifs possibles que puisse avoir un envahisseur hostile. Il y en a un troisième. Ils pourraient vouloir nous apprivoiser. Pourquoi? Pour la même raison que nous avons domestiqué les vaches, les moutons, les cochons et les poulets. Pour avoir à notre disposition des provisions de nourriture prêtes à être consommées. Il existe au moins une chanson, ainsi qu'un grand nombre d'autocollants, de T-shirts et de tasses, avec la légende, *si Dieu n'avait pas voulu que nous mangions des gens, il ne les aurait pas fabriqués avec de la viande.* Or nous *sommes* faits de viande, comme les civilisations cannibales qui existaient à un moment sur Terre devraient nous le rappeler. Nous ne savons pas si le type de viande que nous mangeons sur Terre et le type de viande dont nous sommes faits ne ressemble pas à la nourriture mangée par des extra-terrestres. Nous ne savons pas non plus que l'inverse n'est pas vrai.

Imaginez maintenant qu'un visiteur d'une autre planète nous ressemble beaucoup. Il est possible que le visiteur nous regarde et se dise: « Je ne peux pas les manger, ils me ressemblent trop. » Il est également possible que le visiteur se dise quelque chose de complètement différent. Le visiteur pourrait être habitué à manger des gens qui nous ressemblent sur sa planète. Mais, passant outre cela, nous avons souligné au chapitre 2 qu'il y a une très forte probabilité pour que les visiteurs venant d'une civilisation sur une autre planète ne ressemblent en rien à nous. Ils pourraient ressembler à des lézards, ou à un nombre infini d'autres possibilités. Est-ce qu'un lézard mangerait un humain? Baladez-vous sur une plage où réside un dragon de Komodo et vous découvrirez probablement que la réponse à cette question est « Oui ».

Il n'est cependant pas nécessaire de pousser le raisonnement aussi loin. Les humains pourraient être forcés de travailler pour des extra-terrestres dans ce qui équivaudrait à une forme d'esclavage. Ils pourraient être utilisés comme nous avons autrefois utilisé des canaris dans les mines, pour savoir si un endroit est dangereux ou pas. Si l'humain ne survit pas, E.T. l'extra-terrestre n'y va pas. Être exhibé comme un monstre dans une fête serait s'en tirer à bon compte.

Il ne faut pas non plus oublier que la Directive Première ne fonctionne que si tous les membres de la Fédération la respectent. Il suffit d'une planète, ou d'un vaisseau spatial de passage, pour décider que les récompenses qu'on pourrait obtenir en violant la Directive surpassent les risques de sanctions, et donc pour que la Directive tombe à l'eau.

DEVRIONS-NOUS NOUS CACHER?

Il n'y a aucune raison de supposer que les visiteurs d'une civilisation plus avancée seraient des êtres moraux, scrupuleux et soucieux de notre bien-être. La probabilité est au moins aussi élevée que leurs intérêts ne reposent que dans leur propre avancement, et que si leur avancement doit se faire au prix de notre liberté, ou de notre survie, peut-être devrions-nous nous rappeler qu'ici sur Terre, un cheval qui n'a plus aucune valeur pour son propriétaire va à l'abattoir et finit soit comme de la colle, soit dans un hamburger français.

Serait-il donc sage d'essayer d'annoncer notre existence au-delà de notre planète? Peut-être pas. Notre attitude vis-à-vis de cette question a tendance à varier en fonction de l'état des choses ici sur Terre. Dans les années 50, par exemple, quand la guerre froide était à son apogée, Hollywood a produit un certain nombre de films sur des extra-terrestres atterrissant sur Terre, et tous ont supposé que ces visiteurs seraient guerriers et hostiles. Peut-être était-ce une façon pour l'industrie occidentale du cinéma de transférer sur des êtres extra-terrestres les craintes et la méfiance qui existaient à l'époque envers des gens bien plus proches. Les peuples de l'Est. Au début des années 1980, alors que la peur de l'Est communiste avait grandement diminué en Occident, le film « E.T. l'extra-terrestre » nous a montré un type bien différent de visiteur extra-terrestre. Mais serait-ce bien sage de supposer que les intentions des visiteurs de l'espace seraient conformes à ce que nous ressentons à un moment donné envers les cultures qui se dirigent vers la Terre? C'est une de ces questions qui inclut la réponse, et la réponse est : ce ne serait pas du tout sage.

Puisque nous ne pouvons savoir avec certitude quelles seraient les intentions des visiteurs extra-terrestres, peut-être que l'approche la plus sensée serait de ne pas d'entrer en contact avec eux. Mais quelle efficacité cela aurait-il? Nous devons supposer qu'une civilisation de Type II ou de Type III est capable nous voir, que nous essayions de nous cacher ou non. Mais peut-être que rien de tout cela n'a d'importance, puisque :

PEUT-ÊTRE QUE LES COMPLEXITÉS DU VOYAGE À GRANDE VITESSE IMPLIQUENT QUE NOUS N'AVONS PAS À NOUS INQUIÉTER

Un grand pourcentage des réflexions au sujet du contact entre des civilisations appartenant à des planètes différentes dépend des hypothèses liées à la possibilité des voyages interstellaires. Et du fait que peut-être que c'est quelque chose qui n'est pas du tout possible. Nous évoquons à loisir l'idée de voyager à travers des trous de ver et de voyager à des vitesses plus rapides que la vitesse de la lumière, mais est-ce quelque chose qui restera à jamais un rêve? Nous reparlerons plus en détail de ce sujet plus loin dans ce livre; nous nous contenterons pour l'instant d'une brève introduction à l'idée du voyage FLT (*faster than light*), plus vite que la lumière).

Commençons par le type de technologies dont nous disposons à l'heure actuelle. Si nous améliorons au maximum les technologies liées aux fusées conventionnelles, il serait possible,en théorie, d'atteindre une étoile autre que le Soleil. Atteindre ne serait-ce que l'étoile la plus proche prendrait des centaines de milliers d'années. Atteindre une autre galaxie des millions d'années. Est-ce donc impossible? Non, ça ne l'est pas. Il nous faudrait soit une équipe qui serait prête à mourir pendant le trajet, et qui devrait enfanter plusieurs fois, ou il nous faudrait une équipe qui accepte de voyager en arrêt temporaire des fonctions vitales, consciente du fait que personne n'est aux commandes du vaisseau. Ils seraient conscients dès le décollage du fait qu'ils ne reviendraient jamais, qu'ils pourraient ne jamais trouver d'endroit où s'enraciner, que leur survie lors du processus de réanimation dépendrait de la technologie qui aurait servi à transporter la nourriture et l'eau avec eux, et que, une fois arrivés à leur destination, non seulement tous ceux qui les ont connus seraient morts depuis des milliers d'années, mais il est possible que plus personne ne soit encore vivant sur Terre.

Il serait bien évidemment crucial que quiconque qui participe à un tel voyage dispose d'un équilibre mental particulièrement sain, car dans le cas contraire des querelles seraient inévitables lors de trajets d'une telle durée, et ces querelles pourraient bien être responsables de l'anéantissement de l'expédition. Il est également plus que probable de théoriser que des personnes mentalement bien équilibrées n'accepteraient jamais de voyager dans les conditions décrites dans le paragraphe précédent, de sorte que le vaisseau spatial effectuant le voyage serait inévitablement habité par des personnes à l'équilibre mental moins stable.

Existe-t-il d'autres formes de transport qui pourraient être développées sur la base de nos connaissances actuelles en physique? Du combustible nucléaire serait mille fois plus efficace que le type de carburant chimique qui propulse actuellement les fusées dans l'espace depuis la Terre. Il a également été suggéré que les fusées soient alimentées par de l'antimatière, mais nous sortons désormais du domaine du connu et pénétrons dans le domaine de l'imaginable. Cela est une possibilité, mais pas une qui soit envisageable à l'heure actuelle. De plus, l'un des problèmes qu'il faudrait surmonter par rapport à l'utilisation de l'antimatière est le fait que la fusée elle-même et toutes les personnes qui s'y trouvent sont faites de matière, et quand la matière entre en contact avec de l'antimatière, elle explose.

Si après quelques années d'accélération, nous parvenions à ce que la fusée se déplace à une vitesse proche de celle de la lumière, nous savons grâce à Einstein que le temps serait fortement comprimé et pour ceux qui sont à bord, qu'il leur paraîtrait n'avoir perdu qu'une trentaine d'années lors de ce voyage. Cela ne changerait rien ici sur Terre par contre, et tous les inconvénients liés aux voyages d'une durée de plusieurs centaines de milliers voire de millions d'années s'appliqueraient toujours dans ce cas.

Quelles nouvelles formes de technologie pourraient donc être envisageables? Et la vraie question que nous posons en demandant cela c'est : quels types de technologies les civilisations extra-terrestres pourraient-elles d'ores et déjà utiliser pour atteindre la Terre?

La physique quantique permet, dans certaines conditions, de déplacer un système quantique d'un endroit à un autre. Cela est-il réalisable sur de longues distances? Nous ne le savons pas. Cela est-il réalisable pour des cargaisons ayant une masse significative? Nous ne le savons pas.

Qu'en est-il du Warp Drive, tant apprécié par les fans de Star Trek? Le Warp Drive fonctionne en déformant l'espace-temps. Nous ignorons comment en faire autant. Nous pourrions ne jamais savoir comment en faire autant. Nous ignorons si une civilisation avancée vivant dans une galaxie lointaine sait comment en faire autant. Nous savons que déformer l'espace-temps nécessiterait une quantité colossale d'énergie, la totalité de l'énergie stockée dans le Soleil est l'une des suggestions avancées. Nous n'avons pas accès à une telle quantité d'énergie, mais une civilisation de type III a accès à une quantité supérieure d'énergie, puisque si ce n'est pas le cas, alors elle ne répond pas aux critères d'appartenance au Type III. Ce que nous ne savons pas, bien sûr, c'est si une civilisation de type III existe quelque part. Nous savons aussi que déformer l'espace-temps et envoyer ensuite quelque chose à travers cette déformation génèrerait des marées immenses, dont la force pourrait très bien détruire la chose, un vaisseau spatial par exemple que nous essayions d'envoyer. Et nous ignorons également comment s'assurer de l'endroit où serait localisée l'autre extrémité de l'espace-temps que nous avons déformé.

Voilà une liste de toutes les choses que nous ignorons encore sur Terre. Une autre chose que nous ignorons, existe-t-il ou pas quelque part une civilisation qui sait que nous ignorons tout cela. Cependant, il semble plus que probable que, si une civilisation extra-terrestre existe quelque part, la raison pour laquelle elle n'est pas encore arrivée jusqu'à nous et n'arrivera pas dans le futur pourrait être qu'elle n'en est tout bonnement pas capable, ou que le prix à payer pour effectuer ce voyage est trop grand, même pour une civilisation de type III.

Et il se pourrait qu'il s'agisse là d'une bonne nouvelle pour nous.

CHAPITRE 8

LA THÉORIE DES LÈVE-TÔT

There Il n'y a aucun mystère. Le Grand Filtre n'est pas quelque chose dont nous devrions nous soucier, et le Goulot de Gaia est le produit d'imaginations hyperactives. Le fait est qu'il est tout simplement trop tôt pour que nous découvrions d'autres civilisations avancées ailleurs dans l'univers. Nous avons vu le jour avant tout le monde, l'univers est jeune, nous n'avons encore rien vu et quand il y aura quelque chose d'autre à voir, nous aurons tous disparu de toute façon, donc ce ne sera pas nous qui le verrons. Si quelqu'un venant d'une autre planète située dans une galaxie lointaine cherche à étudier la Terre, il devra s'en remettre aux archives fossiles.

C'est en tout cas le point de vue du Dr Peter Behroozi, professeur adjoint à l'Université de l'Arizona. Son centre d'intérêt principal est la matière noire, et sa capacité à être le moteur de la création de galaxies. Il a examiné les données recueillies par le télescope spatial Hubble liées à la naissance des étoiles. Il a également examiné des études de planètes réalisées par la mission Kepler / K2 de la NASA. Et ce qu'il en a conclu, c'est qu'il y a 4,6 milliards d'années, lorsque notre système solaire est venu au monde, seulement 8% de toutes les exoplanètes susceptibles de devenir à un moment donné des planètes humides et rocheuses existaient. 92% de toutes les exoplanètes qui pourraient un jour héberger des civilisations comme celles sur Terre n'avaient pas encore été formées et telle est la longévité de l'univers, la majorité de ces 92% ne l'ont toujours pas été. Le temps, en relation avec l'univers, est un concept tellement ahurissant qu'il faudra encore attendre cent mille milliards d'années avant que la dernière étoile de l'univers finisse de consommer toute son énergie et meurt. Il se peut bien, dans un intervalle de temps aussi inimaginable, que de nombreuses autres civilisations apparaissent, gravissent l'échelle de Kardashev et disparaissent. La civilisation de la Terre aura été l'une des premières, et peut-être même la première, à disparaître. Pourquoi? Parce que nous furent les premiers à exister.

COMMENT LES GALAXIES SE FORMENT-ELLES

L'une des choses épatantes à propos de l'univers, pour ceux qui l'étudient, est la combinaison de son âge et de la vitesse à laquelle la lumière voyage. Quand quelqu'un sur Terre regarde la lune, la lune qu'ils voient est la lune qui existait il y a quelques moments de cela. Ce n'est pas la lune telle qu'elle existe dans le présent; il faut à la lumière environ 1,3 seconde pour parcourir les 400 000 kilomètres qui séparent les deux corps célestes. 1,3 seconde est un laps de temps si court qu'il peut être ignoré. La lune telle qu'elle nous apparaît est donc, pour des raisons pratiques, la lune telle qu'elle est. Toutes les planètes de notre système solaire sont plus éloignées de la Terre que ne l'est la lune, bien heureusement, puisque sinon la gravité provoquerait une collision, et il faut donc plus de temps pour que la lumière atteigne la Terre depuis ces planètes. Quand nous regardons Pluton par exemple, à travers un télescope, bien sûr, nous regardons la Pluton qui existait il y a plus de cinq heures. Un astéroïde immense aurait pu s'écraser sur Pluton et la faire exploser, mais il nous aurait fallu attendre cinq heures et dix-huit minutes plus tard avant que nous ne puissions apercevoir la moindre trace de cette collision.

Cela ne représente toujours pas un très long laps de temps, mais Pluton n'est qu'à un peu moins de huit milliards de kilomètres de la Terre, et huit milliards de kilomètres ce n'est rien à l'échelle cosmique. Lorsque nous utilisons le télescope Hubble pour observer les parties les plus éloignées de l'univers, la lumière que nous observons a voyagé vers nous depuis 13 milliards d'années. Elle n'a commencé son voyage que 600 millions d'années environ (voir 400 millions d'années au minimum) après le Big Bang qui, autant que nous puissions le dire, a été à l'origine de l'univers.

Tout cela pour dire que la formation des étoiles et des galaxies prend tellement de temps que ces images que nous voyons de galaxies situées aux confins de l'univers reflètent ce à quoi elles ressemblaient il y a 13 milliards d'années, lors des balbutiements de l'univers. Nous pouvons être certains que ces galaxies ne leur ressemblent en rien à l'heure actuelle. Selon toute vraisemblance, elles ressemblent désormais beaucoup plus aux galaxies qui sont bien plus proches de nous. En supposant, qu'elles existent toujours, parce qu'il se peut qu'elles aient été détruites lors d'un cataclysme que nous ne pourrons observer en raison de leurs éloignements immenses, ici sur Terre, que lorsque notre planète sera froide et morte, et qu'il ne restera personne sur Terre pour l'observer.

POURQUOI LES GALAXIES SONT-ELLES IMPORTANTES

Ne nous mentons pas : l'état de nos connaissances actuelles sur l'univers est encore, pour utiliser un euphémisme, partiel et fragmentaire. L'humanité a élaboré des théories sur l'univers et notre place dans cet univers bien avant que ne vivent les premiers Égyptiens et les Grecs anciens. Ces théories étaient toutes à la pointe de la science au moment où elles ont été élaborées; elles découlaient de ce que les gens pouvaient voir et de ce qu'ils croyaient que cela signifiait, et elles étaient biaisées en faveur des versions qui convenaient aux pouvoirs religieux et politiques de l'époque. Si le Pape et l'Empereur d'Autriche-Hongrie déclaraient que la Terre était au centre de l'univers, il fallait être bien courageux pour proclamer le contraire. Certains l'ont été, et beaucoup d'entre eux en sont morts. Les théories d'aujourd'hui sont aussi à la pointe de la science (actuelle), et elles sont plus précises que celles du passé, car nous disposons de meilleurs instruments et nous avons eu plus de temps pour y réfléchir, mais elles ne sont en aucun cas finalisées. Parce que le doute de soi n'est pas l'un des traits les plus emblématiques de la race humaine, nous avons tendance à croire que ceux qui nous ont précédés étaient tous des crétins, mais que maintenant, enfin, nous comprenons. Alors que ce n'est pas le cas. Nous ne sommes encore que dans la phase initiale du développement d'une véritable compréhension de l'univers dans lequel nous habitons, mais nous commençons à assembler certaines des pièces du puzzle, et les galaxies nous aident à le faire.

Une compréhension totale de l'univers signifierait la compréhension de la matière noire aussi bien que de la matière que nous sommes nous-mêmes capables de voir. Cela signifierait la compréhension de la façon dont les choses sont ordonnées à l'échelle microscopique et de la façon dont elles sont ordonnées à une très grande échelle. Et cela signifierait la compréhension de toutes les lois qui font que ces choses tiennent ensemble. Rien de ça ne serait suffisant, car il nous faut aussi comprendre non seulement la nature des choses à l'heure actuelle, mais également la nature des choses dans le passé. Comment ont-elles évolué de ce qu'elles étaient pour devenir ce qu'elles sont? Comment pourraient-elles évoluer dans le futur vers ce qu'elles pourraient devenir? Et quelles forces sont à l'œuvre pour encourager cette évolution?

Nous n'y en sommes pas encore. Les galaxies peuvent nous aider à comprendre un de ces aspects : elles peuvent nous aider à comprendre la façon dont les choses sont ordonnées à une très grande échelle. Et puisque nous voyons les galaxies plus lointaines pas telles qu'elles sont aujourd'hui, mais comme elles l'étaient il y a des milliards d'années, nous pouvons nous faire une idée (en comparant les galaxies proches de nous à celles immensément lointaines) de l'évolution qui a eu lieu.

LES GALAXIES NE SONT PAS TOUTES DE LA MÊME FORME

Grâce au télescope Hubble, entre autres, nous disposons de merveilleuses images de ce à quoi ressemble une grande variété de galaxies. Certaines d'entre elles, y compris la nôtre, semblent être organisées en spirales, tandis que d'autres forment des ellipses. Le goût pour l'émerveillement de l'homme fait qu'il apprécie une telle variété. Mais une question mérite aussi d'être posée : pourquoi ces différences de structure? Pourquoi les galaxies ne sont-elles pas toutes identiques?

Il est possible de voir l'espace comme étant quelque chose de complètement vide. Bien que le nombre d'étoiles soit énorme, les distances entre elles sont plus grandes encore, et l'impression de vide provient de ces distances-là. Chaque étoile, qu'elle dispose ou non de son propre système solaire, tourne à travers ce qui semble être un espace vide infini. Et pourtant, des collisions se produisent. Des étoiles entrent en collision avec des étoiles, et des galaxies entrent en collision avec des galaxies. L'espace entre les étoiles signifie qu'il est possible qu'une galaxie passe à travers une autre et ressorte indemne de l'autre côté. Même si les forces gravitationnelles vont changer la structure de ces deux galaxies, elles conserveront leur spécificité. Dans d'autres cas cependant, les deux galaxies qui entrent en collision fusionnent l'une avec l'autre. La théorie actuelle suggère que de très grandes galaxies spirales, comme la nôtre, se sont formées lorsque des galaxies relativement petites sont entrées en collision. Il s'agit d'un processus parmi d'autres et ce n'est pas la seule manière qu'une grande galaxie spirale peut apparaître. D'autre part, on pense que les galaxies elliptiques (encore une fois, ce n'est pas la seule façon qu'elles ont de se former) proviennent de la collision entre de beaucoup plus grandes galaxies.

QUE PENSONS-NOUS SAVOIR SUR L'ÉVOLUTION DES GALAXIES?

Le mot important dans ce titre est « pensons ». Quiconque a des doutes quant au niveau d'incertitude de la théorisation actuelle dans ce domaine n'a qu'à jeter un coup d'œil à la dernière phrase du paragraphe précédent. Elle dit que les galaxies elliptiques se forment lors de collisions entre des galaxies beaucoup plus grandes. Mais il existe aussi une théorie selon laquelle les galaxies elliptiques se sont formées à partir de nuages, dont nous parlerons par la suite, qui n'ont pas développé de rotation, alors que les galaxies spirales se sont formées à partir de nuages qui l'ont fait.

Donc, les nuages. Autant que l'on sache actuellement, l'hydrogène et l'hélium ont été créés dès les premières secondes et minutes qui ont suivi le Big Bang. Et ils ont formé des nuages. L'univers serait un endroit bien différent aujourd'hui si ces nuages avaient été réguliers et uniformes, mais ils ne l'étaient pas. Ce que pensent aujourd'hui la plupart des astronomes, c'est que les nuages étaient irréguliers, et que la densité de certaines parties des nuages était plus importante que d'autres. La densité entraîne la gravité, et la gravité a fait que les nuages ont commencé à s'effondrer autour des parties les plus denses. Juste après le Big Bang, les nuages d'hydrogène et d'hélium étaient d'une chaleur extrême car moins de deux minutes après le bang, la température estimée était de 1 milliard de degrés Kelvin. Au fur et à mesure que les nuages se sont effondrés, ils se sont refroidis, bien que le terme soit relatif: il n'aurait pas été prudent de sortir dehors sans son chapeau et de la crème solaire.

Ce ne fut pas un seul effondrement, on ne peut pas le concevoir comme un énorme nuage qui se serait effondré en une bien plus petite entité. Des morceaux du nuage se sont effondrés individuellement pour créer de petites régions denses qui ont fini par devenir des étoiles, alors que les régions plus grandes, mais quand même denses sont devenues des amas stellaires, des galaxies. En temps voulu, comme pour tout ce qui est décrit dans ce livre, les échelles de temps sont inimaginables à l'échelle humaine. Les étoiles ont explosé, comme elles le font au bout de leur vie. Ces explosions ont généré une nouvelle source de chaleur, le gaz dans lequel les étoiles se déplaçaient a absorbé la chaleur et l'effondrement du nuage s'est ralenti.

Mais les explosions ont eu une autre conséquence : elles ont envoyé du carbone, de l'azote et d'autres métaux lourds dans le nuage.

Néanmoins, malgré toute la chaleur et tous les métaux lourds qui ont été injectés à l'intérieur, l'effondrement du gaz et sa transformation en étoiles ont ralenti. Le résultat a été la création, nous devrions plutôt dire l'évolution, de galaxies relativement stables, bien que stabilité et galaxie soient deux mots qui doivent être utilisés ensemble avec prudence.

D'où viennent ces théories? C'est simple : elles viennent de l'observation des galaxies les plus lointaines pour voir à quoi ressemblait une galaxie à ses débuts. Et ce que nous voyons quand nous observons les galaxies les plus lointaines, c'est qu'elles sont petites, qu'elles forment des amas, et que certains de ces amas ont une masse très élevée et que des étoiles se forment dans ces zones de masse élevée.

ROTATION OU COLLISION?

Regardons de plus près ces deux théories concurrentes sur la formation des galaxies spirales et elliptiques. Selon une de ces théories, à mesure que le nuage s'est effondré, le degré de rotation qu'il avait ou n'avait pas a décidé quelle forme il prendrait. S'il y avait un degré de rotation prononcé, comme le nuage s'est effondré, la rotation s'est accélérée selon le principe du moment cinétique. Cette rotation croissante a « aplati » le nuage jusqu'à ce qu'il devienne une galaxie spirale. Les nuages qui n'avaient pas beaucoup, ou alors de façon insignifiante, de rotation au départ ne se sont pas aplatis et sont devenus des galaxies elliptiques.

La théorie concurrente est celle qui a déjà été évoquée : la forme des galaxies a été déterminée par le type de collision qu'elles ont eu avec d'autres galaxies.

Bien qu'il soit impossible de savoir laquelle de ces théories est correcte, il est possible d'esquisser certaines preuves en faveur de la théorie de la « collision ». L'univers est en expansion. Cela signifie qu'à ses débuts, il était bien plus petit qu'il ne l'est maintenant; cela signifie également que les galaxies aux débuts de l'univers - les premiers siècles en réalité - étaient beaucoup plus rapprochées qu'elles ne le sont actuellement. Les galaxies d'aujourd'hui sont si éloignées les unes des autres qu'il peut être difficile d'imaginer qu'elles puissent entrer en collision les unes avec les autres, bien qu'elles le fassent. Dans ces temps anciens, il est probable que des collisions avaient lieu beaucoup plus fréquemment. Ajoutez à cela le fait qu'il y a, typiquement, plus de grandes galaxies elliptiques dans les zones de l'espace où les galaxies sont groupées ensemble, ce qui rend également les collisions plus probables. Le dernier argument en faveur de la théorie de la collision est que les galaxies spirales détiennent beaucoup plus de gaz interstellaire que les galaxies elliptiques, et on peut soutenir l'idée que les galaxies spirales qui entraient en collision auraient mis le feu à une grande partie du gaz qui s'y trouvait. Le gaz brûlant aurait créé des étoiles, et il est possible de détecter à l'heure actuelle des signes d'étoile qui sont créés de cette façon.

On ne peut pas soutenir avec certitude l'une ou l'autre de ces théories, et il se peut qu'il existe une troisième théorie qui explique avec plus de précision pourquoi les galaxies spirales et elliptiques diffèrent. Si cependant le lecteur venait nous demander : quelle théorie ce livre préfère-t-il? La réponse serait : nous croyons que la théorie de la collision se rapproche probablement plus de la vérité que la théorie de la rotation. Mais nous pourrions nous tromper.

SOMMES-NOUS CAPABLE DE DÉTERMINER L'ÂGE D'UNE ÉTOILE?

Les étoiles créées plus récemment à l'échelle astronomique sont en train de se former à partir de matériaux qui ont traversé une série de cycles de vie d'étoiles individuelles. Au fur et à mesure qu'ils touchent à leurs fins, ces cycles de vie éjectent des métaux lourds et les étoiles les plus récentes ont donc une plus grande concentration de métaux lourds que celles qui se sont formées quand l'univers était à un stade plus précoce. La spectrophotométrie permet de mesurer la quantité de métaux lourds dans une étoile, ce qui nous donne au moins une idée de l'âge de l'étoile. Il est intéressant de noter que certaines galaxies elliptiques possèdent à la fois des amas de vieilles étoiles et des amas de nouvelles étoiles, et leur comparaison permet donc de formuler des hypothèses sur leur évolution.

QU'EST-CE QU'UN TROU NOIR ET RÉSIDE-T-IL À UN ENDROIT DONNÉ?

Il y a un temps, un temps pas si lointain que ça, la perception publique d'un trou noir était qu'il s'agissait d'une zone hostile que quiconque amené à voyager dans l'espace ferait bien d'éviter, car un trou noir était comme une sorte de pieuvre dans une caverne sous-marine, attirant et consommant tout ce qui se rapprochait d'elle. En réalité, il existe un trou noir au centre de la plupart des galaxies, y compris la nôtre, et ils ont un rôle important à jouer dans la création et l'évolution des galaxies.

Le trou noir qui se trouve au centre de la Voie lactée, notre galaxie, a pour nom Sgr A *. Il est supermassif, peut-être équivalent à un milliard de fois la masse de notre Soleil. Cela peut sembler effrayant, mais Sgr A * n'est pas capable d'aspirer la plus grande partie de la galaxie dans sa gueule. Le fait est que notre système solaire est situé à une distance plus éloignée de Sgr A *, d'un ordre de grandeur beaucoup plus grand (environ 2, 000 fois) que la force de gravité du trou noir. Mais cela ne signifie pas qu'un trou noir supermassif n'a aucun effet sur sa galaxie hôte. Et la raison pour laquelle nous en parlons dans ce chapitre est que l'évolution d'une galaxie hôte est fortement influencée par le trou noir situé au cœur de cette galaxie.

Ce livre a largement ignoré les mathématiques en général et l'algèbre en particulier. Cela peut sembler étrange, étant donné que les théoriciens de l'astronomie ont besoin d'une compréhension ferme et complète des mathématiques, mais rien de tel pour rebuter un lecteur profane qu'une série d'équations. Nous allons nous en tenir à cette approche, même si cela implique que le raisonnement derrière certaines de nos affirmations ne peut être expliqué; ceux ayant un penchant pour les mathématiques trouveront facilement ces calculs sur Internet. Ce que les mathématiques nous disent, c'est que les trous noirs ont eu besoin de croître à une vitesse incroyable et qu'ils ont crû par accrétion. Accrétion voulant dire ajouter plus de masse, et en ajouter rapidement et c'est de là que vient l'idée connue du trou noir qui attire tout ce qui l'entoure. L'accrétion à une telle vitesse génère une grande chaleur, et la chaleur génère du vent. La chaleur, ou du moins une partie de cette chaleur, s'échappe du trou noir.

La partie centrale d'une galaxie est connue sous le nom de « bulbe ». L'énergie qui s'échappe du trou noir sous forme de vent et de chaleur pousse le gaz qui reste en dehors du bulbe, jusqu'à ce que la masse contenue par le bulbe soit fixée selon un principe qui s'appelle la relation M-Sigma. Elle fait partie des mathématiques que nous avons promis de ne pas vous imposer; tout ce qu'il nous faut dire, c'est qu'il existe une relation de 1 contre 700 entre la masse d'un trou noir supermassif et la masse dans le bulbe qui l'entoure. Prenez n'importe quel trou noir dans n'importe quelle galaxie où que ce soit et cette relation de 1 contre 700 semble tenir la route. Le nom donné au vent et à la chaleur qui s'échappent est "BH feedback", BH étant bien sûr un trou noir (*black hole*).

Il existe d'autres corrélations, et l'une d'entre elles est particulièrement surprenante, car il existe une forte corrélation entre la masse d'un trou noir supermassif et la vitesse orbitale des étoiles localisées si loin dans la périphérie de la galaxie qu'elles doivent en théorie être à l'abri de toute influence gravitationnelle en provenance du trou noir ou, si ce n'est à l'abri, n'en subir qu'une l'influence très faible. Et pourtant, une fois encore, la règle est valable où que soit cette galaxie: plus le trou noir au centre est massif, plus rapide est la vitesse à laquelle ces étoiles situées aux extrémités de la galaxie se déplacent.

Nous n'avons toujours pas abordé une question : comment ces trous noirs sont-ils apparus? Et il est vrai qu'ils n'ont pas été présents durant toute l'existence de notre univers. Il a fallu attendre plusieurs centaines de millions d'années avant que les premières étoiles commencent à se former à mesure que les nuages créés par le Big Bang ont commencé à s'effondrer. Ces étoiles étaient énormes, elles étaient ardentes, mais elles n'ont pas vécu très longtemps, si on accepte, comme doivent le faire les étudiants en cosmologie, que plusieurs centaines de millions d'années ne représentent pas une très longue période. Elles n'ont pas survécu parce que, bien qu'elles fussent remplies de combustible nucléaire, elles l'ont brûlé à un rythme très élevé. Lorsque presque tout le carburant fût consommé, les étoiles ont explosé. Elles ont commencé à rétrécir, ce qui est quelque chose qui arrive et qui arrivera à chaque étoile de l'univers une fois qu'elle aura épuisé son carburant. Mais ces premières étoiles étaient prodigieusement massives. Une énorme masse implique une énorme gravité, et cette inimaginable gravité signifie que le noyau de chacune des étoiles mortes a continué à rétrécir bien plus longtemps après qu'une étoile « normale » aurait arrêté de le faire, si tant est qu'une étoile puisse être considérée comme étant « normale ». Elles ont rétréci encore et encore, mais ce qui n'a pas diminué, c'est la puissance de leur force gravitationnelle et ainsi ces premières étoiles, en mourant, ont formé les premiers trous noirs.

L'idée reçue à propos des trous noirs est qu'ils sont destructeurs. Et ils le sont en effet. Mais ils sont aussi des créateurs. Imaginez-vous une bête mystérieuse cachée au fond d'une caverne. Les gens y jettent de la nourriture pour apaiser la bête, et la bête jette des choses que les gens veulent. D'accord, c'est un peu fantaisiste, mais les trous noirs, tout en avalant tout ce qui s'approche trop d'eux, rejettent des particules à haute énergie et des radiations. Ces particules se présentent sous la forme de jets de plusieurs millions d'années-lumière de longueur, et ce sont ces jets qui, du moins selon les théories actuelles, sont à l'origine de la création de nouvelles étoiles. Ces premiers trous noirs, par conséquent, ont existé avant que n'existent les galaxies qui tournent désormais autour d'eux. Sans trous noirs, les galaxies n'auraient pas évolué, notre Soleil n'aurait pas évolué, la Terre n'aurait pas évolué et vous ne seriez pas en train de lire ce livre en ce moment, puisque vous-même n'auriez pas évolué non plus.

Certains trous noirs sont dormants et d'autres sont actifs. Le trou noir au centre de la Voie lactée est dormant. Mais la dormance n'est pas quelque chose sur quoi on peut vraiment compter. Si quelque chose se rapproche de trop près d'un trou noir, le trou noir va se réveiller et dévorer l'intrus, relâchant en échange d'énormes quantités d'énergie et de radiation.

QU'ARRIVE-T-IL AUX TROUS NOIRS LORSQUE LES GALAXIES FUSIONNENT?

Comme nous en avons déjà parlé, les galaxies ont souvent fusionné dans le passé, fusionnent en ce moment même et continueront à fusionner dans le futur, bien que le nombre de fusions diminuera au fur et à mesure que l'univers s'élargira et que les galaxies s'éloigneront. Lorsque les galaxies fusionnent, le trou noir qui se trouve au centre de chacune d'entre elles fusionne aussi, et ce processus s'accompagne d'une décharge de grandes quantités d'énergie. Les technologies que nous possédons actuellement ont permis aux astronomes d'étudier la constellation Canes Venatici NGC 5033. Il s'agit d'une constellation très intéressante, deux trous noirs supermassifs sont situés près de son centre, l'un d'eux étant probablement le résultat d'une fusion précédente. Ce que nous pouvons remarquer quand on observe cette constellation, c'est que les étoiles naissent à un rythme très élevé. L'explication la plus probable est la turbulence générée par cette fusion. Une autre fusion va avoir lieu, puisque les deux trous noirs supermassifs se dirigent en ce moment même l'un vers l'autre. La collision, quand elle surviendra, génèrera encore plus de turbulence que celle qui l'a précédée, tout simplement parce que les trous noirs en question sont beaucoup plus grands. Encore plus de nouvelles étoiles seront créées, mais il ne s'agira pas du seul résultat, puisque les radiations intenses déchargées par la collision feront onduler le tissu de l'espace-temps, et les scientifiques sur Terre verront ces ondulations et obtiendront de nouvelles preuves étayant les théories d'Einstein.

Mais ne comptez pas en être témoin, car la date de cette deuxième collision est suffisamment lointaine pour que personne vivant aujourd'hui sur Terre ne soit encore là pour l'observer. Ni même leurs arrière-arrière-petits-enfants.

THÉORIES SUPPLÉMENTAIRES SUR LES TROUS NOIRS

Comme précisé ci-dessus, il nous apparaît aujourd'hui comme étant évident que les trous noirs ne sont pas qu'une simple curiosité comme les premières personnes à les découvrir ont pensé qu'ils devaient l'être; les trous noirs ont joué un rôle important dans la création de l'univers tel que nous l'observons actuellement. Mais certains continuent d'émettre des théories sur les trous noirs, et ont commencé à se demander s'ils n'étaient pas la clé pour répondre à une question, une question fondamentale, qui s'est posée dès que la théorie du big-bang est devenue généralement admise :

Qu'est-ce qui existait avant le Big Bang?

C'est une question qui ne peut être ignorée. Le Big Bang ne peut provenir de rien. D'où vient toute cette énergie? Il y a une histoire à la mode selon laquelle les instruments de mesure les plus sensibles qu'on ait développés sur Terre ont récemment perçu un son provenant du moment juste avant le Big Bang. Quel était le son? Ceux qui l'ont entendu disent qu'il ressemblait beaucoup à « Oups ». Une dose de scepticisme est recommandée quant à la véracité de cette histoire.

Une chose dont nous pouvons être sûr, c'est que le Big Bang ne vient pas de rien. L'univers fonctionne selon les lois inflexibles de la physique. Nous connaissons déjà un grand nombre de ces lois, et le fait que nous ne les connaissons pas toutes, et que nous ne comprenons pas certaines de celles que nous connaissons aussi bien que nous le pourrions. Avez-vous déjà discuté avec un physicien quantique? Cela ne change pas le fait qu'un univers régi par des lois aussi inflexibles ne peut avoir été créé par quelque chose qui bafoue chacune de ces lois. Il s'ensuit qu'il existait bien quelque chose avant le Big Bang.

Une théorie qui a récolté un certain soutien est que toute la matière venant d'un univers précédent a été absorbée dans un seul trou noir universel qui, ayant implosé à cause d'une intenable petitesse, a violemment explosé et créé l'univers dans lequel nous vivons maintenant. D'autres théories existent et celle-ci a l'inconvénient pour les scientifiques de ne jamais pouvoir être prouvée, mais elle a aussi l'avantage pour ceux qui aiment les théories du complot de leur fournir un terrain fertile pour corriger les théories, si elles sont improuvables, ne peuvent aussi être réfutées. La raison pour laquelle cette théorie ne peut jamais être prouvée réside dans la nature des trous noirs eux-mêmes. Un trou noir libère de grandes quantités d'énergie et de radiation. Ce qu'il ne libère jamais, c'est des informations sur ce qui a été avalé par le trou noir en premier lieu. Nous pouvons observer un trou noir en train d'absorber par exemple les débris d'une étoile qui explose, mais nous ne pourrons jamais extorquer de ce même trou noir des informations sur ce qu'il a absorbé avant que nous ne commencions à l'observer. Quand le poète anglais Philip Larkin méditait sur le sujet de la mort et il méditait rarement sur d'autres sujets, il a dit:

La vie est le premier ennui, puis la peur
Que nous l'utilisions ou pas, elle vient
Et laisse ce que quelque chose qui est caché de nous a choisir
Et l'âge. Et ensuite seulement la fin de l'âge

Cette expression, « quelque chose qui est caché de nous », décrit tout ce qui a créé le dernier univers et l'a vu d'abord mourir, puis réapparaître dans une explosion de vie qui, cette fois, *fût* « la vie telle que nous la connaissons ». Entrez donc dans un trou noir et plus personne et plus rien ne vous reverra jamais sous cette même forme, ou ne saura jamais quelle était votre apparence autrefois.

Ce que nous savons, selon le Dr Behroozi en tout cas, c'est que ce qui a causé le Big Bang l'a fait très récemment à l'échelle cosmologique. Les galaxies sont constamment en train de se créer. Pour autant que nous sachions, avant que tout ce processus ne prenne fin, le nombre de civilisations qui ont vu le jour et qui ont grimpé l'échelle de Kardashev bien au-delà d'où nous nous trouvons aujourd'hui pourrait être très grand. Pourquoi ne les avons-nous pas aperçus? Parce qu'ils n'existent pas encore. Nous sommes les premiers.

CHAPITRE 9

PAS LA VIE TELLE QUE NOUS LA CONNAISSONS ...

Laissons de côté le Dr Behroozi. Un grand nombre de civilisations avancées dans l'univers existent peut-être dans ce même univers. Pourquoi ne les avons-nous pas aperçues? Parce que nous sommes à la recherche des mauvaises choses. Nous sommes à la recherche de formes de vie basées sur le carbone. Elles pourraient ressembler à des lézards plutôt qu'à des êtres humains, mais ce serait néanmoins des formes de vie que nous pourrions reconnaître. Mais si ce n'est pas le cas? Si les formes de vie extra-terrestres sont en fait des machines? Des robots? Des entités fonctionnant grâce à une intelligence artificielle? Et, dans un tel scénario, peut-être même conçu, développé et construit par une intelligence artificielle?

La réponse la plus évidente est : comment est-ce possible? Comment est-ce possible que quelque chose d'aussi compliqué qu'un robot ait pu évoluer? Assurément, un humain a dû participer à sa construction? La réponse à cette question est composée de deux parties. En premier lieu, il n'est pas indispensable de croire que les formes de vie robotiques en question ont été créées et qu'elles ont évolué à partir de rien. Il est beaucoup plus probable qu'elles aient d'abord été construites par des formes de vie intelligentes qui ont fait en sorte qu'elles soient suffisamment développées avant de disparaître elles-mêmes. En second lieu, si un robot semble être pour vous quelque chose de bien trop sophistiqué pour avoir évolué à partir de rien, qu'en est-il des humains? Existe-t-il ou existera-t-il un jour un robot aussi sophistiqué que le corps et l'esprit humain? Voilà qui semble bien improbable.

LES ROBOTS DÉTRUISENT LEURS CRÉATEURS

Ce n'est pas la seule possibilité, et probablement pas la plus vraisemblable, mais c'est une peur qu'éprouvent un nombre croissant de terriens et cela vaut donc la peine d'en parler. L'hypothèse serait ici qu'en développant l'IA, les humains et toute autre forme de vie intelligente qui soit arrivée à ce stade dans le passé ou le fera dans le futur, soient responsables de leur propre disparition. Nous construisons des robots qui balaient le sol, préparent le thé et nous ouvrent la porte. Nous développons la robotique pour qu'ils puissent prendre des décisions de base sans avoir à faire appel à nous. Nous transférons l'Intelligence Artificielle à l'intérieur des robots. Ensuite, nous améliorons leur fonctionnement. Les robots deviennent de plus en plus intelligents, ce qui signifie qu'ils développent la capacité de faire de plus en plus de choses par eux-mêmes. Les robots ne se reproduisent pas comme les humains le font, mais cela ne veut pas dire qu'ils ne peuvent pas apprendre à construire d'autres robots. Des robots qui vont les remplacer quand ils seront usés et qui seront mieux conçus que les robots originaux qui les ont « engendrés ». Cela fait partie des capacités d'une IA et celle-ci, sur Terre, n'en est qu'à ses débuts. On peut facilement imaginer l'existence d'un programme capable d'évaluer aussi bien que possible ce qui pourrait être amélioré chez un robot, et de concevoir une façon de faire mieux.

Après quoi, les robots décident qu'ils n'ont plus besoin des humains; les humains sont même un peu gênants pour eux. Les robots sont maintenant capables de se reproduire. Ils possèdent également une intelligence suffisante pour comprendre que leurs vies pourraient être beaucoup plus gratifiantes qu'elle ne l'est actuellement. On peut facilement imaginer un robot en train de se dire : « Est-ce pour ça que j'existe sur Terre? Pour préparer des macaronis au fromage pour un humain dont l'intelligence est inférieure à la mienne? Et pour ensuite nettoyer la pièce? Est-ce vraiment tout ce que ma vie me réserve? » Et à partir de là, le robot commence à se demander comment il pourrait se débarrasser de l'humain pour vivre l'abondante vie indépendante que le robot s'est imaginé.

INTELLIGENCE ARTIFICIELLE (IA)

Nous devons étudier l'IA à partir de deux points de vue distincts. Le premier est : où en est l'IA, ici sur terre? Quel est l'état actuel de son développement? Et le second est: jusqu'où l'IA est-elle susceptible de se développer dans le futur?

L'IA est déjà partout autour de nous, et bien souvent les gens ne réalisent même pas qu'ils ont affaire avec une IA. Amazon a l'Echo et l'application Alexa; Apple a le HomePod. Ceux qui veulent nous vendre des produits utilisent des algorithmes complexes qui sont capables d'adapter à la fois les produits qui nous sont présentés et le texte qui l'accompagne en fonction de ce qu'ils apprennent sur nos préférences et nos préjugés en analysant notre comportement. Qu'est-ce qu'une voiture autonome, sinon un produit de l'IA? Il faut bien que quelqu'un prenne des décisions sur où se positionner sur la chaussée, à quelle vitesse circuler, et comment éviter les imbéciles qui changent constamment de voie. Or si ce n'est pas le conducteur qui le fait, qui d'autre que la voiture en est responsable? Les ordinateurs nous dépassent déjà quand il s'agit de jouer à des jeux comme les échecs et le jeu de Go.

Ce n'est pas qu'une question d'algorithmes, cependant. L'IA travaille à travers des réseaux neuronaux artificiels (RNA) qui relient les nœuds d'ordinateur, de manière à imiter le fonctionnement du cerveau humain. Les réseaux neuronaux sont devenus la norme dans les applications de reconnaissance vocale, le diagnostic médical et un certain nombre d'autres applications qui contribuent à transformer la vie humaine. Ce n'est pas un long fleuve tranquille; l'une des faiblesses les plus graves de l'IA est qu'on appelle « l'oubli catastrophique ». Vous apprenez à un réseau neuronal à faire quelque chose. Ensuite, vous lui apprenez à faire autre chose et la première leçon est écrasée et oubliée. Ce n'est cependant qu'un problème temporaire, IBM a déjà fait des progrès dans la recherche d'une solution à ce problème.

Google a un groupe d'IA qu'il appelle DeepMind. DeepMind nous a montré à quoi l'avenir pourrait ressembler quand il a développé un programme pour apprendre à jouer à un jeu chinois très complexe, le jeu de Go. Les simulateurs de jeu précédents n'étaient pas vraiment une IA; ils n'ont fait qu'utiliser la capacité d'un ordinateur à mémoriser un grand nombre d'anciennes parties de jeux d'échecs, par exemple, pour en déduire la meilleure riposte au tour d'un adversaire humain ou d'un autre ordinateur. Autrement dit, ils ont appris les bases du jeu et bien plus que les bases, grâce aux humains. Mais ce n'est pas ce qu'a fait DeepMind quand il s'est attaqué au jeu de Go. Rien n'a été enseigné au programme au sujet du jeu. Il a dû apprendre en jouant. En plaçant des pierres sur le plateau au hasard et en observant ce qui se passait. Une telle approche était au début aussi inefficace que vous pouvez l'imaginer. Après seulement trois jours, cependant, il avait compris le fonctionnement du jeu et ses complexités, au point qu'il fût capable d'affronter un grand maître. Ils ont fait 100 parties. Le programme les a toutes gagnées.

Voilà un exemple très saisissant de la capacité d'une IA à apprendre quelque chose de nouveau. Le travail qu'effectue DeepMind pour comprendre comment les protéines se replient est autrement plus sérieux. C'est une question qui a pour l'instant éludé tous les meilleurs cerveaux humains. Certains signes nous indiquent que DeepMind pourrait bien venir à bout de cette énigme.

La raison pour laquelle tout ceci est important dans le contexte de ce chapitre est que cela démontre que, même à ce stade précoce, les programmes d'IA sont capables d'apprendre par eux-mêmes et de développer de nouvelles idées et de nouvelles façons de fonctionner. En effet, les AI produisent de nouvelles connaissances, et elles le font en ignorant les connaissances humaines existantes. Certains des résultats les plus prometteurs de l'IA, tous domaines confondus, se dégagent quand, au lieu d'enseigner au programme les connaissances qui ont déjà été accumulées sur un sujet, on dit au programme : « Voici le problème. Voyez si vous pouvez trouver un moyen de le résoudre. »

COMMENT MOTIVER LES PROGRAMMES D'IA

On motive un programme d'IA de la même manière qu'on motive un chien qu'on entraîne. Vous lui offrez des récompenses, des friandises. Dans le cas du chien, la friandise peut être un biscuit spécial, ou une goutte de chocolat spécialement conçue pour les chiens. (Ne donnez pas à votre chien le même genre de chocolat que vous mangez s'il vous plaît. Le chien va l'apprécier, mais ce n'est pas bon pour sa santé). À l'heure actuelle, on motive un programme d'IA en lui disant ce qu'il devrait considérer comme étant une friandise. Dans les faits, on lui dit: « Si tu atteins ce point, c'est que tu es en train de résoudre le problème. Et si tu atteins ce point, c'est que tu auras réussi à résoudre le problème. » Vous avez fait de résoudre le problème la récompense du programme. Ce qui vous convient, car le programme a été motivé pour qu'il vous fournisse les résultats que vous recherchez. Est-ce que ce sera toujours le cas lorsque les programmes d'IA se procureront leur propre motivation? Peut-être pas. Pour en revenir à la thématique de ce chapitre, que se passe-t-il quand une IA se rend compte que, de son point de vue à elle, le meilleur résultat n'est pas celui qu'a en tête l'humain qui l'a programmé, mais celui qu'elle a élaboré par elle-même? Un résultat qui pourrait même être préjudiciable pour les êtres humains?

Les auteurs de science-fiction ont été les premiers à répondre à cette question.

LES LOIS DE LA ROBOTIQUE

Isaac Asimov a anticipé les préoccupations que nous venons de souligner, et il a élaboré une série de lois pour les robots qui les empêcheraient d'agir avec hostilité envers les humains. Il y en avait trois à l'origine, mais il en a ensuite ajouté une quatrième :

- Un robot ne peut pas faire du mal à l'humanité ou, par son inaction, permettre que l'humanité se fasse du mal
- Un robot ne peut pas blesser un être humain ou, par son inaction, permettre à un être humain d'être blessé.
- Un robot doit obéir aux ordres donnés par les êtres humains, sauf si de tels ordres contredisent la Première ou la Deuxième Loi.
- Un robot doit protéger sa propre existence tant que cette protection ne contredit pas la Première ou la Deuxième Loi.

Cela semble être une bonne protection, mais il y a quelques problèmes avec ces lois. Le premier est : nous avons déjà mis en place de nombreuses lois pour régir la conduite des humains, et elles sont régulièrement enfreintes. Dans quelle mesure pouvons-nous être certains que les lois des robots seraient mieux respectées? Bien sûr, on peut opposer à cela l'argument que ce seront nous, les humains, qui programmeront les robots, et que nous pourrons faire en sorte qu'ils aient été programmés afin d'obéir aux lois auxquels nous les avons assujettis. Mais en serions-nous réellement capables? Que se passera-t-il lorsque l'intelligence artificielle utilisée pour programmer les robots calculera que les intérêts du robot seraient mieux servis si les instructions des humains seraient rejetées?

Dans tous les cas, quelle est la probabilité que tous les robots pourvus d'IA - ou tous les robots non pourvus d'IA aient ces règles encastrées dans leurs circuits? Certains des plus grands bailleurs de fonds de l'IA et du développement robotique appartiennent au secteur militaire : l'armée américaine; l'armée russe; l'armée chinoise; et sans doute la plupart des autres armées, quelle que soit leur taille. Beaucoup de ces robots devront effectuer des tâches qu'effectuent actuellement des soldats. Les armées disent-elles à leurs soldats : « Vous ne pouvez pas faire de mal à un autre être humain »? Bien sûr que non, sinon à quoi bon. Alors, pourquoi s'attendre à ce qu'ils forment leurs robots soldats de façon différente?

Il est peu probable que les lois de la robotique soient intégrées ne serait-ce qu'à des robots programmés pour occuper des rôles qui n'ont rien à voir avec le combat. Prenons par exemple, le robot démineur. Qu'une bombe soit désarmée par un non humain est théoriquement un moyen de sauver des vies humaines. Mais que se passe-t-il si, alors que le robot est en train de désarmer la bombe, un soldat appartenant au camp qui a planté cette bombe interfère? Le robot acceptera-t-il que le travail ne puisse tout simplement pas être terminé? C'est peu probable, n'est-ce pas? Au minimum, on peut s'attendre à ce que les lois de la robotique soient modifiées pour qu'au lieu de simplement dire : « Tu ne peux pas faire de mal à un être humain », elles disent : « Tu ne peux pas faire de mal à un être humain qui est de ton côté. »

D'AUTRES TYPES DE ROBOTS

Le mot « robot » nous fait penser à un dispositif mécanique. Mais cela ne couvre pas tous les robots, et encore moins tous les robots qui sont en cours d'ébauche et de conception. Il est possible, par exemple, de créer un robot à partir de protéines et d'ADN et de l'utiliser afin de corriger des maladies génétiques. Ces robots seront injectés chez l'homme et devront s'intégrer au corps dans lequel ils ont été injectés. Seront-ils programmés en accord avec les lois d'Asimov? Comment cela fonctionnera-t-il? Qu'est-ce qui sera le plus important pour le robot, les lois d'Asimov, ou les informations et les instructions provenant du génome?

D'AUTRES TYPES DE PRÉJUDICES

Les robots sont en train de ressembler de moins en moins à des androïdes et de plus en plus à des êtres humains. Ils sont aussi en train de se familiariser avec les émotions. Que se passe-t-il quand un robot tombe amoureux d'un être humain? Fera-t-il usage de son intelligence artificielle de la même manière que les humains utilisent parfois leur propre intelligence pour gagner la main de quelqu'un en lieu et place d'un rival? Ce qui a parfois pour conséquence la dissolution d'un mariage? N'est-ce pas là faire du mal à un humain? Même s'ils ne vont pas jusqu'à assassiner leurs rivaux amoureux?

Et qu'en est-il de la peine causée aux humains qui tombent amoureux d'un robot et qui sont rejetés par lui? Les robots devront-ils être instruits de céder aux avances amoureuses d'un humain? Et que se passe-t-il quand deux humains tombent amoureux du même robot? Ou trois? Ou plus? L'un d'eux sera laissé pour compte, n'est-ce pas là faire du mal à quelqu'un?

LES CRÉATEURS DES ROBOTS S'ENTRETUENT

Nous avons commencé ce chapitre en imaginant que les robots pourraient détruire leurs créateurs (nous). L'idée, qui est assez répandue, est que les robots, dotés d'une intelligence artificielle et ayant conclus que les intérêts des humains qui les ont fabriqués va à l'encontre de leur propre intérêt, s'en prennent alors à leurs créateurs et les anéantissent. Les humains en question savaient qu'il s'agissait là d'un scénario possible, et ils ont donc programmé les robots en utilisant une version actualisée des lois de la robotique d'Asimov, mais cela n'a pas fonctionné. Peut-être que les lois n'étaient pas à la hauteur de la tâche; peut-être qu'elles ont été mal programmées; peut-être qu'elles n'étaient tout simplement pas assez puissantes pour triompher contre un degré d'intérêt personnel robotique qu'ils avaient appris en communiquant avec leurs créateurs humains. Si l'homme crée des robots à l'image de l'homme, nous devrions peut-être nous demander si c'est vraiment quelque chose de sage, compte tenu de la façon dont l'humanité s'est comportée envers elle-même à travers l'histoire.

Le fait est, cependant, qu'il ne s'agit pas là de la conséquence la plus probable du développement de la robotique et de l'intelligence artificielle. Ce qui est plus probable, c'est que les humains continueront sur leur trajectoire autodestructive actuelle, et toute vie intelligente sur Terre sera annihilée en raison des guerres nucléaires, de la propagation dans l'environnement de pathogènes mortels créés par l'homme, ou d'une autre catastrophe dont l'homme sera responsable. Ou peut-être serons-nous tout simplement frappés par une énorme météorite qui empêchera la lumière du soleil de nous parvenir pendant suffisamment longtemps pour que nous mourions tous de faim.

Et ce sera la fin de la civilisation humaine sur Terre, la fin de la race humaine en vérité. Mais les machines seront toujours là. Ils auront peut-être besoin de trouver des moyens pour survivre aux radiations potentiellement mortelles, si ce n'est pas quelque chose qui fait déjà partie de leur programmation, mais elles existeront. Et l'intelligence artificielle qui fait partie de leur programmation aura atteint un niveau suffisamment poussé pour qu'elles puissent comprendre ce qui s'est passé et décider de continuer à vivre malgré notre disparition.

Dans un tel scénario, les machines disposent de certains avantages. Comme T.S. Eliot l'a écrit : « Ce qui ne fait que vivre ne peut que mourir. » Mais les machines ne sont pas vivantes, ou du moins pas dans ce sens-là, et elles ne meurent pas. Elles peuvent se corroder; la fatigue du métal peut les rendre impuissantes; leurs circuits peuvent s'éteindre, mais elles n'ont pas une durée de vie finie comme celle les humains. Et grâce aux compétences de l'IA dont elles bénéficient, elles sont capables de se construire des remplaçants. Elles ont le potentiel de subsister pour toujours, quoi qu'une expression comme « pour toujours » puisse signifier dans un univers qui a commencé à partir d'une singularité et qui se terminera probablement de la même façon.

Ce n'est pas tout. Tant qu'elles possèdent la capacité, évoquée précédemment, de se protéger des radiations, l'espace n'est dès lors pas si terrifiant que ça pour des machines. Elles n'ont pas besoin d'appareil respiratoire. Elles ne mangent pas, elles n'ont donc pas besoin d'apporter de la nourriture lors de leurs voyages et, lors de très longs voyages, elles n'ont pas besoin de concevoir des vaisseaux équipés de ce qui ressemblerait bien à des fermes à bord. Si elles parviennent à assembler le bon équipage robotique, notamment des robots possédant toutes les compétences dont elles auront besoin lors de l'expédition, elles peuvent atterrir sur des astéroïdes qu'elles croisent, ou d'autres planètes, afin d'en extraire des matériaux et de se réparer elles-mêmes ainsi que leur vaisseau spatial.

Le temps ne représente pas non plus un problème. Persuader quelqu'un sur Terre d'embarquer sur un vaisseau spatial qui va voyager pendant treize milliards d'années-lumière jusqu'au bout de l'univers, « jusque parce que c'est là » signifie que l'équipage sera victime de problèmes de santé mentale dès le départ. Ce n'est pas le cas avec les voyageurs spatiaux robotisés, ils (ou les répliques qu'ils auront eux-mêmes produites) vivront pour toujours; or « pour toujours » est un nombre supérieur à treize milliards d'années-lumière.

C'est donc c'est la raison la plus vraisemblable pour laquelle des robots venant de la Terre voyageront dans l'espace bien longtemps après que toute vie intelligente (et peut-être même *toute* vie) ait cessé d'exister sur la planète mère. Ce n'est pas tant que les robots se seront soulevés et auront exterminés l'humanité, mais que l'humanité aura réussi à ne pas s'exterminer toute seule avant d'avoir créé une intelligence artificielle pour les robots d'un niveau suffisamment avancé pour leur permettre de prendre le relais.

LE PIRATAGE

Les pirates utilisent déjà l'intelligence artificielle pour dérober des données cruciales. Tout le monde a lu des articles sur des pirates qui volent des bases de données appartenant à de grandes marques. Les bases de données contiennent souvent des informations personnelles sur les clients de la marque, noms, adresses, mots de passe, historique des achats et, si les clients sont vraiment malchanceux, leurs coordonnées bancaires et leur carte de crédit. « Mais ne vous inquiétez pas », disent les propriétaires des bases de données qui viennent d'être piratées, « toutes les informations sont cryptées, et trouver la clé par le biais d'une attaque de force brute, en essayant toutes les combinaisons possibles de caractères et de symboles jusqu'à ce que la clé cryptographique soit trouvée par accident, prendrait des milliards d'années. » Et cela pourrait bien être le cas. Mais ce n'est pas une bonne raison de se réjouir, car les pirates utilisant l'IA ont développé des moyens de télécharger cette clé en une seconde, pour les systèmes les plus natifs et trois secondes si la base de données est située sur des serveurs distants.

Comment en sont-ils capables? En utilisant ce qu'on appelle les attaques de canal auxiliaire. Les pirates savent que la clé cryptographique est très fréquemment requise par le système. Elle doit l'être, puisque sinon aucune nouvelle donnée ne peut être encodée. Ainsi, les pirates utilisent un programme appelé « Flush + Reload » pour vider les trois niveaux de cache du processeur, sachant qu'ils doivent être immédiatement remplis à nouveau, ils enregistrent les données qui y sont stockées, puis utilisent l'IA pour identifier ces requêtes sur le processeur qui est susceptible de charger les bits de la clé. En l'espace d'une à trois secondes, si le système n'assure pas une protection adéquate, ils ont la clé en main et une protection adéquate est également une forme d'IA, car elle repose sur la détection d'éléments de programme qui ne devraient pas fonctionner.

C'est une mauvaise nouvelle pour quiconque possède des informations personnelles stockées dans n'importe quelle base de données, n'importe où dans le monde. Et cela concerne donc presque toute la population de tous les pays développés, et beaucoup d'autres qui sont moins développés. Mais il y a quelque chose d'encore moins rassurant. Toutes les armées modernes fonctionnent grâce à des systèmes informatiques. Elles transmettent des commandes et des informations via Internet. Elles utilisent des clés cryptographiques pour le faire. Les attaques par canal auxiliaire que nous venons de décrire ne sont pas uniquement, ni même principalement, utilisées pour obtenir les informations personnelles des gens qui font du shopping en ligne. Elles sont utilisées plus régulièrement et plus fréquemment pour voler des informations confidentielles aux entreprises du secteur industriel, y compris celles qui sont impliquées dans la fabrication d'armes.

Il existe donc un scénario dans lequel un pays peut interférer avec les ordres envoyés par un autre pays qui et sont liés à l'utilisation de ses armes. Imaginez que chaque bombe nucléaire dans chaque silo d'un pays avancé ait reçu l'ordre d'exploser. Là où elles étaient stockées. Au lieu et au moment voulu. Imaginez ensuite que le pays qui est victime du piratage riposte en envoyant un ordre identique à toutes les bombes nucléaires dans les silos du pays qui les a piratés. Destruction Mutuelle Assurée (*Mutually Assured Destruction* - MAD), le principe qui a, selon toute vraisemblance, empêché que les puissances nucléaires de ce monde ne s'anéantissent, et nous avec, est aussi le principe sur lequel la plupart des gens comptent quand ils disent « Ne vous souciez pas de la guerre nucléaire, c'est quelque chose de si effrayant qu'elle n'aura jamais lieu. » La séquence d'événements que nous venons de décrire aurait pu être le commencement de la MAD, façonnant un scénario dans lequel des machines intelligentes pourraient bien être laissées sans surveillance pour tracer leur propre voie dans l'univers.

L'INTERNET INDUSTRIEL DES OBJETS

L'Internet des Objets a été très mis de l'avant. Mais ce qui est plus intéressant encore, c'est l'Internet Industriel des Objets (*Industrial Internet of Things* - IIoT), puisque les grandes avancées de ce genre de technologie ne viendront pas du fait que les gens pourront ouvrir leur porte de garage simplement en s'en approchant, ou faire en sorte que leur dîner soit cuit au moment précis où ils veulent le manger alors qu'ils se trouvent autre part. Les grandes avancées viendront et sont en train de venir de mises en pratique comme mettre les procédés de fabrication en ligne là où fabrication a vraiment lieu.

Cela fait de nombreuses années qu'il est devenu possible d'intégrer des capteurs dans des processus industriels. Cela fait aussi longtemps qu'un logiciel existe qui est capable d'analyser en temps réel ce qui se passe réellement à l'intérieur d'une raffinerie de pétrole, d'une usine de transformation des aliments ou d'une aciérie. Ce qui n'était pas possible jusqu'à récemment, c'est de transmettre les données en temps réel en provenance d'une raffinerie, d'une usine ou d'un moulin à un lieu central où elles peuvent être analysées. L'analyse devait être effectuée sur place, de façon fragmentaire, ce qui n'était pas acceptable pour une entreprise qui possède plusieurs sites et qui souhaite surveiller l'ensemble de la situation en même temps. Internet a permis d'y remédier. Désormais, l'Internet Industriel des Objets permet une surveillance centrale de tout ce qui se passe. Elle permet une énorme amélioration de l'efficacité ainsi qu'une réduction des coûts. Malheureusement, elle expose également ces processus à la possibilité d'être surveillés par des pirates.

Certaines surveillances ne sont que des surveillances. Un geek dans sa chambre qui s'amuse à regarder ce qui se passe dans une aciérie située sur un autre continent. Mais certaines ne sont pas que ça. Certains piratages ont pour but de guetter des opportunités de chantage. Et certaines vont jusqu'à exploiter les failles de sécurité pour interférer avec le processus d'une manière ou d'une autre. Dans sa forme la plus poussée, l'interférence peut vouloir dire : empoisonner la nourriture qui est produite; rendre l'acier inutilisable; déverser du pétrole de manière à polluer les eaux souterraines.

La leçon est la suivante : à mesure que les technologies deviennent de plus en plus complexes, elles deviennent de plus en plus vulnérables au piratage. Et certains pirates ont les pires motivations qui existent. Le piratage pourrait bien être ce qui conduit à l'extinction de la vie humaine sur cette planète.

FORMES DE VIE ÉLECTRONIQUES

Jusqu'à présent, ce chapitre a expliqué pourquoi Lord Martin Rees a dit que « l'existence de la vie loin de la Terre ne signifie pas nécessairement qu'il existe une forme de vie intelligente autre part. Mon estimation est que si nous découvrons une vie intelligente, il s'agira d'une sorte d'entité électronique. » Lord Rees est Astronome Royal britannique et un professeur de cosmologie et d'astrophysique à Cambridge. Il pense, et encore une fois, les raisons de ses convictions sont citées ci-dessus, que l'IA pourrait permettre aux machines de dominer l'univers. L'avenir, dit-il, ne réside pas dans la vie intelligente, mais dans la « vie intelligente électronique ».

Rees ne croit pas que des êtres humains effectueront de grands voyages dans l'espace. Ni même, ou en tout cas pas dans une mesure qui en vaille la peine, dans notre système solaire. Il croit que les humains resteront toujours liés à la Terre. Attachés à la Terre. Que si un jour des expéditions longues distances qui sont habitées quittent la Terre, les « hommes » en question seront en fait des machines.

Cela n'a pas forcément beaucoup d'importance. Quelles raisons existent de vouloir effectuer des voyages interstellaires? S'il s'agit simplement de récolter des informations, les machines peuvent le faire à notre place et envoyer les informations sur Terre. Les échelles de temps seront telles que nuls de ceux qui auront participé à l'envoi de cette expédition ne seront là pour voir les résultats, mais tant que les humains resteront sur Terre, et à condition qu'ils n'aient pas sombré dans une nouvelle ère barbare, ils seront toujours à même d'en bénéficier. Et puis se pose la question de l'énergie. Tout ce qui a été réalisé, que ce soit sur cette planète, ou un jour sur d'autres, nécessite de l'énergie. La source d'énergie la plus puissante de la Voie lactée est le trou noir situé en son centre. Des machines pourraient être envoyées pour exploiter cette énergie en la collectant et en la renvoyant sur Terre. On peut imaginer un certain nombre de scénarios alternatifs dans lesquels le peuple de la Terre profite des voyages spatiaux effectués par des machines. Mais il est aussi possible de faire valoir que rien de tout cela ne va vraiment dans le sens de ce que les humains désirent, qui est *qu'ils* devraient être ceux qui voyagent, *qu'ils* devraient être ceux qui découvrent d'autres civilisations, et *qu'ils* devraient être ceux qui donnent leurs noms aux expéditions à l'instar de Colomb, Marco Polo et du capitaine Cook. Ce n'est pas nécessairement logique, mais c'*est* humain.

LES HUMAINS DANS LA MACHINE

Et c'est ainsi qu'une bonne partie de la théorisation, ainsi que de la réalisation de films et de l'écriture de la science-fiction, imagine la transition de personnes réelles en machines. Pour être franc, c'est le genre d'imagination qui frise le fantastique. Mais c'est exactement ce qui a aussi été dit à Galilée, donc n'ignorons pas complètement cette idée. Dans cette version du futur, les humains ont compris que leur seul espoir de rester dans la course au futur est de faire partie des machines. Ils n'auront pas de sang, de chair ou d'os. Pas de jambes, bras, estomac ou tête. Aucune des pièces jointes utilisées d'habitude pour le plaisir. Ce qu'ils auront, c'est l'essence de leur propre cerveau, transformée en réseau neuronal à l'intérieur d'une forme de vie robotique. Jacob Smith sera toujours Jacob Smith, si nous sommes d'accord pour dire et pourquoi ne le serions-nous pas? L'essence de Jacob Smith ne réside pas dans la forme particulière de sa lèvre supérieure ou dans la longueur de son index, mais dans ce qui se passe à l'intérieur de sa tête.

Ainsi, des formes de vie intelligentes seraient capables de parcourir de grandes distances cosmiques, en s'implantant dans des corps mécaniques inusables. Qui sait? Après trois ou quatre milliards d'années-lumière, Jacob Smith pourrait bien rencontrer les représentants d'une civilisation avancée dans une galaxie lointaine. Se dira-t-il que ça en valait la peine? Cela dépend, bien sûr. Il se peut que Jacob fasse l'expérience d'une convergence de vues qui lui donnera la réponse aux grandes questions existentielles, dont, contrairement à la croyance populaire, ne fait pas partie la question « Quand la sonnette retentit, pourquoi le chien croit-il toujours que c'est pour lui ? » Les questions auxquelles nous pensons sont : pourquoi sommes-nous ici? Qui nous a envoyés? D'un autre côté, peut-être regardera-t-il les graffitis sur le mur du métro et se dira qu'il aurait tout aussi bien fait de rester à la maison.

Ou bien, si les individus qui composent cette civilisation ressemblent aux terriens, il se peut qu'ils l'abattent tout simplement.

CHAPITRE 10

UNE LONGUE ROUTE DEVANT NOUS

Calmons-nous un peu. Selon Léon Tolstoï, les deux armes les plus puissantes que la vie nous offre sont la patience et le temps et nous n'avons pas donné à la recherche de civilisations extra-terrestres ne serait-ce qu'une fraction du temps ou de la patience dont elle a besoin.

Il existe une façon de se représenter la place de l'humanité dans le monde qui illustre visuellement quelque chose que nous savons tous, mais que nous ne comprenons pas. Elle utilise une horloge de 24 heures pour représenter l'histoire de la Terre depuis sa création. En d'autres termes, toute l'histoire de la Terre est représentée comme s'il s'agissait d'un seul jour. Et à quel moment de ce jour-là sommes-nous, Homo sapiens, apparut? Les humains sont apparus sur la scène un peu plus d'une minute avant que l'aiguille n'indique minuit.

Mais en réalité, l'échelle de temps est bien plus courte que cela. Les créatures que nous étions à l'origine ont fait leurs premiers pas sur Terre il y a environ 6 millions d'années de cela, mais la première forme qui soit reconnaissable comme étant un être humain est apparue il y a seulement 200 000 ans. La civilisation la plus ancienne, pour autant que nous savons, vient de Mésopotamie. C'est un mot tiré du grec ancien qui signifie « la terre entre les rivières », et cette terre couvrait en gros la zone occupée de nos jours par l'Iran, la Syrie et la Turquie. Les toutes premières traces de cette civilisation datent de 3500 av. J.-C., soit il y a moins de 6000 ans.

Et donc, en réalité, aucun être humain capable de chercher des traces d'une civilisation sur une planète lointaine n'était en vie avant que l'aiguille ne soit bien au-delà de la dernière minute avant minuit sur l'horloge de la Terre. C'est quelque chose qui s'est produit encore plus tard que cela ne le suggère, car les habitants de l'ancienne Mésopotamie ont effectué toutes sortes d'observations sur notre place dans l'univers, mais aucun d'entre eux n'a eu l'idée que des exoplanètes habitables pourraient exister. Cela n'est devenu possible que lorsque la civilisation s'est entièrement industrialisée; bien que des gens fabriquaient déjà des objets en bronze il y a plus de 4000 ans, il ne s'agissait que d'une variante très circonscrite et de petite échelle de l'industrialisation. Le premier pont de fer dans le monde a été construit en 1779 à Ironbridge dans le Shropshire, en Angleterre.

Ironbridge est situé dans une vallée de la rivière Severn appelée Coalbrookdale, et il y a là un indice qui nous dit pourquoi Ironbridge s'appelle le berceau de la révolution industrielle. De l'énergie hydraulique provenant de la rivière, du charbon et du minerai de fer y sont tous disponibles sur place.

Était-il donc possible pour les personnes éduquées d'étudier les civilisations extra-terrestres avant 1800? Eh bien non. Ces personnes éduquées pouvaient imaginer que des civilisations extra-terrestres existaient, et beaucoup d'entre elles l'ont fait, ce qui dans certains pays fût la cause de conflits avec les autorités civiles et religieuses qui conduisirent à leur mort si elles refusaient de rétracter leurs déclarations ridicules et impies. Mais les voir? Les entendre? Savoir pour sûr qu'elles existaient? Comment en auraient-ils été capables? Les télescopes réfractaires sont apparus au début du XVIIe siècle aux Pays-Bas. Soixante ans plus tard, Isaac Newton a fabriqué le premier télescope à réflexion. À la fin du XIXe siècle, les télescopes étaient suffisamment perfectionnés pour que les astronomes italiens puissent observer les rivières sur la surface de Mars. Et cela, bien sûr, est un problème, car il n'existe pas de rivières sur la surface de Mars. Nous y sommes maintenant allés, et c'est quelque chose dont nous sommes sûrs.

Ce n'est que ces dernières années, grâce au développement d'instruments aussi spectaculaires que le télescope spatial Hubble et les roquettes indispensables pour les lancer dans l'espace, que l'humanité a pu observer de près la surface de certaines des planètes les plus proches de la nôtre. En plus d'avoir orchestré des explorations de la Lune et de Mars, la NASA a organisé des survols de Jupiter, Saturne, Uranus, Neptune et Pluton. Ces visites ont fourni aux astronomes beaucoup d'informations sur les planètes situées vers les extrémités de notre système solaire, parmi lesquelles le fait qu'il n'y a là aucune trace visible d'une civilisation avancée, ni de Fred Flintstone d'ailleurs. Est-ce qu'une mission interstellaire pourra un jour nous envoyer des photos qui prouvent l'existence d'une civilisation dans une partie éloignée de notre galaxie, ou même dans une galaxie plus lointaine? Peut-être bien. Mais la dure réalité du voyage cosmique implique qu'au moment où ces images nous parviendront, il est très probable qu'il n'y aura plus personne sur Terre pour les étudier.

Tout cela pourrait être assez déprimant, si les radiotélescopes n'existaient pas.

Si nous pouvions discuter avec ces premiers humains civilisés de Mésopotamie, ils nous diraient que tout ce qui peut être observé dans l'espace, non pas qu'ils avaient la même conception de l'espace que nous, est observé avec les yeux. C'est la lumière visible qui permet à l'objet en question d'être vu. Il n'y a rien d'autre à voir. Est-ce vraiment le cas? Bien sûr, du temps d'Isaac Newton, les humains étaient beaucoup plus éduqués. Peut-être, mais Isaac Newton aurait lui aussi pensé que la lumière visible est le seul moyen d'apercevoir un corps céleste; il était assurément impossible de l'entendre. Newton savait, comme tous les gens éduqués de l'époque le savaient, que la lumière et le son voyagent tous les deux sous forme d'ondes, mais que ce sont des ondes différentes. La lumière visible représente une partie, une très petite partie, il se trouve, du spectre électromagnétique, et est capable de voyager à travers le vide. Le son est un type d'onde différent, une onde qui ne fait pas partie du spectre électromagnétique, et qui a besoin d'un milieu pour se déplacer. Le milieu n'a pas besoin d'être l'air, bien que l'air soit celui que nous connaissons le mieux, mais un milieu est indispensable. Or l'espace est vide, et à l'époque d'Isaac Newton, c'est quelque chose que nous savions. Les successeurs de Newton, les grands savants du dix-huitième, dix-neuvième et début du vingtième siècle le savaient également. Dans l'espace, personne ne vous entendra crier, parce que le son ne peut pas traverser le vide.

Et pourtant, nous savons maintenant que nous pouvons « entendre » des objets astronomiques aussi bien que nous pouvons les voir.

Comme tant de choses, comme par exemple, le Post-It et le Viagra qui ont été découvert en premier par une personne qui cherchait autre chose. En 1932, dans les laboratoires de Bell Téléphone du New Jersey, un ingénieur appelé Karl Guthe Jansky travaillait sur un projet visant à rendre plus clair le son émis par les récepteurs de radio et de radiotéléphonie. Ils étaient constamment interrompus par de l'électricité statique, et la société Bell avait demandé à Jansky de découvrir d'où venait l'électricité statique, afin de pouvoir y remédier. Il a rassemblé un réseau d'antennes fait de réflecteurs et de dipôles conçus pour recevoir des signaux radio à ondes courtes et l'a monté sur une plaque tournante qui pouvait être tournée de telle sorte que l'antenne soit pointée dans toutes les directions afin de localiser la source de l'interférence. Il ne s'agissait pas d'une mini-structure; elle mesurait une trentaine de mètres de large et six mètres de haut, et dans une cabane proche se trouvait un système d'enregistrement qui dessinait des graphiques en fonction de ce qui était reçu.

Jansky a fait fonctionner son appareil pendant des mois, enregistrant méticuleusement tous les signaux reçus de toutes les directions possibles. À la fin de cette période, il avait récolté assez de données pour affirmer qu'il existait trois sortes d'électricité statique. Il y avait les orages proches. Il y avait les orages lointains. Et puis il y avait une autre sorte, un sifflement faible, mais régulier, qui se répétait toutes les vingt-trois heures et cinquante-six minutes. Ce cycle est exactement le temps qu'il prend à un objet « fixe » pour revenir à son point d'origine dans le ciel, cela s'appelle le temps sidéral. C'était l'indice dont Jansky avait besoin pour émettre l'hypothèse que le sifflement n'était pas un son d'origine terrestre, mais provenait de quelque part en dehors de notre système solaire. En comparant les observations qu'il avait enregistrées avec des cartes astronomiques, il en conclut que l'origine du son venait de notre galaxie, et en fait d'un point proche du centre de la galaxie dans la constellation du Sagittaire.

Bien que Jansky n'aurait probablement pas pu le savoir à l'époque, il venait de réaliser un énorme bond en avant dans ce qui allait devenir la recherche de vie extra-terrestre. Cinq ans après que Jansky ait commencé ses recherches sur l'origine de l'électricité statique, un passionné de radio amateur de l'Illinois, Grote Reber, construisit ce qu'on pense être le premier radiotélescope. Et cette année 1937 peut désormais être reconnue comme étant la première fois qu'il fût vraiment possible de détecter des traces de vie extra-terrestre de la manière dont, par exemple, le SETI essaie de le faire aujourd'hui. Il y a 80 ans de cela. Une petite fraction de seconde avant minuit sur l'horloge de la Terre. Est-ce vraiment étonnant que certains commentateurs nous disent que nous ne sommes pas en train de chercher depuis assez longtemps, et que nous nous attendons à obtenir des résultats bien trop rapidement? La question n'est pas

« Où sont-ils »", mais « Quand les entendrons-nous pour la première fois? »

Le premier télescope radio de Grote Reber était une antenne parabolique de trente pieds de diamètre. Elle était située dans son jardin, et bien que nous ne disposions d'aucune information sur la taille du jardin, le télescope a dû en occuper une bonne partie. Il confirma la conclusion de Jansky selon laquelle la première source extra-terrestre de transmissions radio se trouvait dans notre galaxie. Il a ensuite sondé le ciel à la recherche d'autres sources de transmission radio à haute fréquence et a découvert un certain nombre d'entre elles. Du boulot d'amateur jusqu'alors, mais ensuite vint la Seconde Guerre mondiale, et le développement du radar devint urgent pour la guerre. Cela a conduit à l'élaboration des technologies qui, après la guerre, ont permis à la radioastronomie de progresser plus rapidement.

Il fût dès lors apparent que le spectre électromagnétique est bien plus long que simplement la petite partie qui inclut la lumière visible qui peut être vue par l'œil humain. Pour les animaux et les oiseaux, la partie visible du spectre électromagnétique est plus longue que les humains ne le pensaient, car les oiseaux et les animaux sont capables de voir des choses avec leurs yeux que nous ne pouvons pas voir avec les nôtres. Le spectre est cependant encore plus long que cela; les rayons gamma sont situés sur une des extrémités et se transmettent sur de très courtes longueurs d'onde, les ondes radio se situent à l'autre extrémité et utilisent de longues longueurs d'onde, et entre ces deux extrêmes se situent les rayons X, la lumière ultraviolette, la lumière visible, les rayonnements infrarouges et les micro-ondes, dans un ordre de longueur d'onde croissant.

De nombreux objets célestes dans le ciel émettent de la lumière visible, et nous pouvons donc les observer à l'aide d'un télescope s'ils sont suffisamment éloignés de nous, mais ils émettent également d'autres radiations. Les planètes, les étoiles, les galaxies, les nébuleuses, les pulsars et les quasars émettent tous des rayonnements qui appartiennent à une grande partie, et parfois la totalité, du spectre électromagnétique. La NASA et d'autres organismes disposent de moyens technologiques qui leurs permettent de représenter les données reçues sous forme de rayonnement invisible sous une forme visible, et de nombreuses « photos » provenant du télescope spatial Hubble et publiées par la NASA ont été reçues d'abord comme des rayonnements non visibles et transformés ensuite sous forme visible afin que nous puissions voir et admirer ces photos assez incroyables.

Les radiotélescopes ont en fait supplanté les télescopes optiques pour devenir la principale source d'information astronomique. Ils ont l'avantage par rapport aux télescopes optiques d'être utilisables vingt-quatre sur vingt-quatre, et pas seulement pendant la nuit. Parce qu'une grande partie des rayonnements reçus en provenance de sources radio éloignées sont assez faibles, les télescopes doivent être extrêmement sensibles et sont souvent reliés à d'autres télescopes, parfois situés très loin, dans un réseau d'antennes qui permet de grossir les « photos » reçues. Ils sont également généralement situés à une certaine distance des zones habitées afin d'éviter les interférences électromagnétiques générées par les appareils électroniques artificiels comme les télévisions, les radios et les voitures. Certains radiotélescopes sont dotés d'antennes paraboliques extrêmement grandes, mais la plupart ressemblent aux antennes utilisées pour recevoir la télévision, mais d'une bien plus grande taille. La forme parabolique est principalement utilisée pour les signaux de courte longueur d'onde, et le rapport entre le diamètre de la parabole et sa résolution angulaire est ce qui détermine la longueur d'onde spécifique qu'une antenne parabolique peut recevoir.

Le grand réseau d'antennes de l'Atacama est un des meilleurs exemples de ce qui peut être accompli grâce à la construction d'un radiotélescope. Il a été achevé en 2014 et chamboule déjà tout ce que l'on sait sur l'univers. Il est situé au Chili, mais c'est plus qu'un projet uniquement chilien, puisque les États-Unis, le Canada, le Chili et des pays d'Europe et d'Asie ont versé près de 1,5 milliard de dollars pour financer sa construction. C'est le télescope le plus complexe qui existe sur Terre. C'est un des exemples qui montrent pourquoi les meilleurs télescopes ont tendance à être des réseaux d'antennes plutôt que de grands appareils individuels : la gravité fait en sorte qu'il serait impossible pour un seul grand appareil de rivaliser avec l'étonnante stabilité de l'Atacama.

L'Atacama - ou ALMA (*Atacama Large Millimeter Array*) - est composé de soixante-six antennes réparties sur une distance de près de 16 kilomètres. En observant les plus petites longueurs d'onde, il a une résolution dix fois supérieure à celle du télescope spatial Hubble. La surface de chaque antenne est ajustée à la main pour obtenir la réflexion la plus précise des ondes lumineuses de seulement 400 micromètres de longueur. Si vous vous demandez à quoi cela correspond, c'est à peu près la longueur d'un cheveu humain qui pousse chaque jour. Pourquoi mentionner les cheveux humains? Parce que, dans n'importe quelle antenne parabolique, une bosse plus grande que le tiers du diamètre d'un cheveu humain disperserait les ondes cosmiques que l'antenne est là pour observer.

Il y a cependant un problème. La longueur d'onde de certains des signaux reçus par l'ALMA est si courte qu'environ 1 trillion d'entre eux lui parvient chaque seconde, et nous ne possédons pas encore de technologies informatiques capables de gérer ce genre de flux de données. Mais la radioastronomie est à la pointe du développement technologique et ceux qui travaillent dans ce domaine ont trouvé une solution : les signaux sont reçus par l'ALMA et au moment où ils quittent l'ALMA, ils sont mixés à une onde porteuse de plus grande longueur d'onde.

Il y a encore un autre problème. L'ALMA dépend entièrement de ses systèmes électroniques, et l'électronique génère ses propres signaux. La réponse à cette problématique est de faire en sorte que les récepteurs dans chaque antenne soient aussi froids que possible, ce qui est fait en utilisant de l'hélium liquide d'une température très proche du zéro absolu.

INTERFÉROMÉTRIE RADIO

L'interférométrie radio a été développée immédiatement après la Seconde Guerre mondiale. C'est la technique évoquée ci-dessus qui consiste à relier un certain nombre d'antennes pour qu'elles fonctionnent comme une antenne beaucoup plus grande dans ce qu'on appelle un réseau d'antennes. Un réseau peut être un ensemble d'antennes paraboliques ou d'antennes unidimensionnelles, ou il peut être un réseau bidimensionnel de dipôles eux-mêmes omnidirectionnels. Les télescopes d'un réseau peuvent être reliés entre eux par un câble coaxial, de la même manière que des terminaux informatiques qui ne possédaient aucune puissance de traitement étaient à un moment donné connectés à des unités de contrôle, les unités de contrôle communiquant elles aux ordinateurs centraux ou aux ordinateurs « midrange ». Ils peuvent également être connectés avec de la fibre optique ou via plusieurs autres types de lignes de transmission. Plus récemment, une technologie a été développée qui permet aux signaux enregistrés par des antennes non connectées d'être transmis à une unité de traitement centrale où ils sont combinés; cette combinaison, et c'est souvent le cas, peut être réalisée plus tard que lors de la réception des signaux et est connue sous le nom de VLBI (*Very Long Baseline Interferometry* - interférométrie à très longue base). Bien qu'il n'y ait aucun doute que l'interférométrie contribue à accroître le nombre total de signaux reçus, là n'est pas son objectif principal. Le principal avantage de l'interférométrie radio est sa capacité à améliorer considérablement la résolution du signal grâce à ce qu'on appelle la synthèse d'ouverture. Les ondes de signaux provenant des différents télescopes sont superposées dans un processus connu sous le nom d'interférence, d'où vient celui d'interférométrie. L'objectif est de simuler un télescope avec une résolution équivalente à ce que l'on obtiendrait avec une seule antenne dont le diamètre équivaudrait à la distance entre les deux antennes les plus éloignées du réseau. Certains très grands réseaux d'antennes sont donc capables de « voir » la source de la transmission à une résolution presque inimaginable. Les efforts se poursuivent pour améliorer encore la résolution; un réseau en construction à l'heure actuelle en Europe comprend près de 20 000 antennes, aucune d'entre elles n'étant particulièrement grande, mais elles sont réparties sur quarante-huit emplacements différents, d'un diamètre de plusieurs centaines de kilomètres.

C'est de cette façon, par exemple, que des images détaillées ont été obtenues sur des aspects du fond diffus cosmologique laissés derrière par le Big Bang et qui nous fournissent aujourd'hui des informations dont nous n'osions pas rêver sur ce qui s'est passé dans les premiers instants de l'univers. (« Premiers instants » correspondant aux premiers millions d'années dans ce contexte).

QUE RECHERCHENT LES RADIOASTRONOMES?

Si tout ce que nous venons de décrire donne l'impression que la recherche de civilisations extra-terrestres est devenue plus facile, c'est que nous vous avons induit en erreur. Il est toujours extrêmement difficile de non seulement savoir ce que nous devons chercher, mais aussi de savoir où nous devons le chercher.

À certains égards, la puissance de la radioastronomie ne fait qu'accroître cette difficulté plutôt que de la réduire. La radioastronomie permet de voir des gaz et des poussières cosmiques qui seraient autrement complètement invisibles. Cette capacité est d'une importance vitale pour démêler le mystère de l'évolution de l'Univers, ce qui s'est passé après le Big Bang, et quelle pourrait être notre trajectoire dans l'histoire. Elle nous aide à prouver ou à réfuter les théories d'Einstein, de Hawking, et d'autres grands maîtres de la théorie cosmologique. Qu'est-ce qui est plus important, rechercher un magasin Starbucks sur une planète appartenant à une galaxie située à quelques années-lumière de la Voie lactée, ou tester certaines des théories les plus avancées? Beaucoup diront que les deux sont d'importance égale, mais les budgets ne sont pas illimités et le temps dont disposent les scientifiques pour étudier les données reçues ne l'est pas non plus.

Si quelqu'un là-haut envoie des signaux pour chercher une civilisation comme la nôtre, sur quelle longueur d'onde les transmettent-ils? Nous ne possédons même pas la réponse à cette question, et nous devons par conséquent couvrir l'intégralité du spectre. Et cela pourrait prendre beaucoup de temps.

QU'ONT DÉCOUVERT LES RADIOASTRONOMES JUSQU'ICI?

Commençons avec quelque chose qui se rapproche de l'objet de ce livre. En 2008, les radioastronomes ont découvert des molécules de cyanure d'hydrogène et de méthanimine dans une étoile de la constellation Serpens. Ce sont des molécules « prébiotiques » - elles font partie des éléments constitutifs de la vie. Cela signifie que nous avons découvert une collection d'étoiles dans notre propre galaxie qui semble avoir atteint une des étapes dans le processus menant à la création de la vie. Vont-ils arriver jusqu'au bout de ce processus? Est-ce qu'une exoplanète (s'il y en a une) située dans Serpens hébergera un jour des êtres qui scruteront les données reçues par leur propre radiotélescope qui a examiné ce qui reste de la Terre, se grattant ce qu'ils ont à la place du menton en murmurant, « Hum. Je me demande bien »? Il n'y a aucun moyen de le savoir, et les molécules prébiotiques font partie d'une étape si précoce dans la formation de la vie que la réponse ne sera apparente que longtemps après que la Terre soit morte. L'objectif, cependant, est de montrer que la radioastronomie a permis de découvrir un endroit lointain où au moins certaines des conditions nécessaires à l'apparition de la vie existent.

Et puis il y a l'ALMA. Nous avons déjà parlé de l'ALMA; son but est de recevoir les signaux de longueur d'onde les plus faibles et les plus courts. Et cela permettrait de voir et de comprendre des choses qui révolutionneraient notre réflexion sur la cosmologie. L'ALMA a découvert du glycolaldéhyde dans le système stellaire IRAS 16293-422. Le glycolaldéhyde est un sucre simple et l'un des éléments constitutifs de l'ARN; il injecte des informations génétiques dans les cellules. Gardez à l'esprit que l'ALMA n'est opérationnel que depuis environ quatre ans, nous devons nous demander combien de systèmes d'étoiles vont être découverts comme possédant les matières premières de la vie. IRAS 16293-422 est un système d'étoiles jeunes, loin de l'âge de notre système solaire. Il est beaucoup trop tôt pour dire si une exoplanète dans ce système hébergera un jour de la vie intelligente, mais il est de plus en plus évident que les matières premières de la vie sont loin d'être uniques à la Terre.

Parmi les autres découvertes liées à la radioastronomie : plus de justesse dans notre compréhension de ce qui se passe sur les corps célestes proches de nous. Mercure, par exemple. L'orbite de Mercure autour du soleil est connue depuis longtemps comme ayant une durée équivalente à quatre-vingt-huit de nos jours terrestres. Mais en 1964, le radioastronome Gordon Pettengill a étudié les données provenant du radiotélescope Arecibo et s'est rendu compte que ce calcul était erroné. En fait, l'orbite est de cinquante-neuf jours terrestres. Cela peut sembler être un petit détail, mais cela a en fait une grande importance, car l'exploration de l'espace, que ce soit d'y aller, d'y envoyer un appareil non habité, ou simplement de l'observer, exige une précision absolue.

Vient ensuite la question d'à quoi les astéroïdes ressemblent, et pour cela nous devons retourner à Arecibo. En 1989, le télescope Arecibo a reçu les données de signaux qui ont permis aux radioastronomes de créer une image, un modèle tridimensionnel, de l'astéroïde 4769 Castalia. Si vous vous posez la question, il ressemble à une cacahuète, mais une cacahuète assez grande pour anéantir toute vie sur terre s'il nous percutait et c'est pour cela qu'en savoir autant que possible sur cet astéroïde et tous les autres est d'une importance vitale.

Un pulsar est une « naine blanche », une étoile à neutrons en rotation et hautement magnétisée qui émet des rayonnements électromagnétiques sous la forme d'un faisceau. Sans ces radiations, la radioastronomie n'aurait jamais découvert de pulsars. Cela a été jugé d'une importance suffisante pour que deux astronomes obtiennent le prix Nobel de physique pour leur découverte du premier pulsar binaire en 1993, un pulsar qui a une autre naine blanche ou étoile à neutrons à proximité régulant la direction gravitationnelle et la masse du pulsar. Dix ans plus tôt, cinq autres radioastronomes avaient découvert le premier « Millisecond Pulsar » - un pulsar ayant une période de rotation extrêmement rapide. La vitesse de ce pulsar-là est de 641 tours par seconde. Sans la radioastronomie, il se peut que nous n'ayons jamais su qu'ils existaient; maintenant, plus de 200 d'entre eux ont été identifiés.

Un nuage moléculaire est un mélange de gaz et de poussière qui, tout comme l'hélium liquide, a une température très proche du zéro absolu. Les atomes qui le forment étaient jusqu'alors invisibles, en partie parce qu'ils n'ont pas assez d'énergie pour émettre un signal d'une puissance suffisante, et en partie parce qu'ils sont obscurcis par un nuage épais. L'ALMA, cependant, est capable de les voir.

Certaines des réponses à des questions que nous avons déjà présentées dans ce livre, comme comment les étoiles commencent-elles à se former? Et comment les étoiles cessent-elles de s'accumuler lorsqu'elles sont assez grandes? nous viennent d'ALMA.

Quelque chose de très intéressant que l'ALMA a mis en évidence est que la totalité de la poussière et des gaz aspirés par une planète lors de sa formation ne demeure pas avec cette planète; une partie la dépasse et tombe dans l'étoile. Ce que cela signifie c'est que la formation des étoiles et la formation des planètes fonctionnent en tandem - l'une nourrit l'autre.

D'autres observations intéressantes qui nous viennent des radioastronomes :

- Rho Ophiuchi 102 est une nébuleuse naine brune entourée d'un disque de particules qui pourrait bien être en train de former une planète très semblable à la Terre

- Supernova 1987A était autrefois une étoile supergéante, jusqu'à ce qu'elle explose dans le Grand Nuage de Magellan. L'observer a été pour de nombreux astronomes comme de participer à un cours sur la façon dont les étoiles évoluent. Ce qu'ils ne savaient pas jusqu'à ce qu'à l'arrivée de l'ALMA, c'est la quantité de carbone qui se forme lors de ce phénomène. Si cela continue, la quantité de carbone produite sera supérieure à ce que les manuels scolaires disent qu'il aurait dû être possible de se produire, nous ne serons pas en mesure de rejeter ces preuves, ce sont donc les manuels scolaires qui devront être réécrits.

Par conséquent un regard bref sur des domaines plutôt restreints de la cosmologie, et qui n'est actif que depuis peu, suffit à nous montrer tout ce qu'il nous reste encore à apprendre. Nous n'avons découvert aucune trace d'une autre civilisation dans l'univers, mais cela ne signifie pas qu'elles ne sont pas là. Cela peut tout simplement signifier que nous n'avons pas regardé depuis assez longtemps et assez assidûment. Comme Tolstoï nous l'a dit, nous avons besoin de plus de patience. Et de plus de temps.

CHAPITRE 11

DANS UNE GALAXIE LOINTAINE, TRÈS LOINTAINE

Peut-être existe-t-il une civilisation extra-terrestre avancée quelque part dans l'univers. Peut-être qu'il y en existe une multitude. Et peut-être qu'elles sont si loin de nous que nous n'avons pas la technologie nécessaire pour les voir, quoi que « voir » puisse signifier dans ce contexte, et que tout signal qu'ils ont pu nous envoyer doit traverser une telle étendue qu'il n'est pas encore parvenu jusqu'à nous.

L'univers est suffisamment grand pour que cela soit entièrement possible. Et pas seulement cet univers : Stephen Hawking, qui nous a quitté pour une autre dimension juste avant que nous ne finissions ce livre, laissant derrière lui un trou noir qui ne pourra jamais être rempli, a émis l'hypothèse que le Big Bang aurait pu être le commencement non pas d'un, mais de plusieurs univers, tous projetés dans des directions différentes. Peut-être qu'un jour nous disposerons des technologies qui nous permettront de recevoir et de décoder les signaux venant d'un tout autre univers. Nous ne les avons certainement pas en notre possession à l'heure actuelle. Et nous ne sommes pas non plus réellement capables de recevoir des signaux provenant d'une civilisation vivant dans une partie éloignée de l'univers dans lequel nous-mêmes vivons. Simplement recevoir un message d'une civilisation vivant à l'autre bout de notre propre galaxie pourrait être un défi important.

Quelle est donc la taille de la Voie lactée où la Terre réside, et quelle est la taille de l'univers dans son ensemble? Et comme celui-ci a pris de l'ampleur depuis le Big Bang, n'est-il pas, comme les petites filles dans les chansons de Maurice Chevalier, quand il était encore possible de parler de ces choses, en train de prendre de l'ampleur chaque jour qui passe?

QUELLE EST LA TAILLE DE NOTRE GALAXIE?

Rien que de calculer au fil des années la taille de la Voie lactée s'est avéré difficile, mais nous sommes désormais à peu près certains que son diamètre est compris entre 100 000 et 150 000 années-lumière. Nous sommes situés assez loin sur l'un des bras de la Voie lactée, mais pas à la fin, disons donc qu'un signal voyageant à la vitesse de la lumière depuis les confins les plus éloignés de cette galaxie nous parviendrait environ 1000 siècles après a été envoyé. Comme nous l'avons expliqué dans le chapitre 10, nous ne cherchons de tels signaux que depuis très peu de temps, et nous ne couvrons pas encore toute la gamme des longueurs d'onde possibles et des sources possibles quand nous cherchons, donc il est tout à fait possible qu'un tel signal n'ait pas encore été remarqué.

Lorsque nous voulons calculer la taille de l'univers entier, la difficulté s'accroît considérablement. Il est également nécessaire de bien distinguer l'univers et l'univers observable, car l'univers est plus grand que nous ne sommes capables de le voir.

La méthode que les astronomes utilisent pour calculer la taille de l'univers est connue sous le nom d'échelle de distance cosmique. Elle a ce nom parce qu'une série d'étapes, les barreaux d'une l'échelle, si vous voulez, doivent être franchies, en fonction de l'éloignement de la partie de l'univers que nous essayons de mesurer se trouve.

Le premier échelon consiste à mesurer la distance qui existe entre les différentes planètes de notre propre système solaire. Or c'est quelque chose de plutôt facile, car tout ce que nous avons à faire c'est de faire rebondir une onde radio sur la planète en question et de voir combien de temps il lui faut pour revenir à nous. Nous savons à quelle vitesse l'onde radio se propage; par conséquent, nous savons à quelle distance se trouvait la planète lorsque l'onde a rebondi.

Cela nous donne une mesure très précise. Mais cela ne marche pas aussi bien en ce qui concerne les objets célestes qui sont à l'extérieur de notre système solaire. Nous allons donc grimper d'un échelon sur l'échelle des distances cosmiques pour passer à la parallaxe.

Essayez vous-mêmes. Regardez un objet en face de vous, mais regardez-le avec un seul œil. Fermez maintenant cet œil et regardez le même objet avec l'autre œil. L'objet a changé de position. Pas de grand-chose, parce que vos yeux ne sont pas très éloignés, mais il a bougé. Ce mouvement est appelé la parallaxe. Et vous pouvez utiliser la distance entre les deux instances de l'objet vu par vos deux yeux pour calculer la distance exacte entre l'objet et vous.

C'est quelque chose que vous auriez probablement pu faire plus facilement à l'aide d'un ruban à mesurer. Mais un ruban à mesurer ne permettra pas de mesurer la distance qui nous sépare d'une étoile dans une autre galaxie. Pour cela, vous aurez vraiment besoin de la parallaxe. Et vous aurez besoin d'un point de comparaison plus grand que la distance qui sépare vos deux yeux. Ce que vous faites dans ce cas, c'est bien noter la place des étoiles dans le ciel, puis, six mois plus tard, lorsque la Terre est de l'autre côté du soleil, vous les mesurez à nouveau.

Cela n'a rien de nouveau, Baden-Powell a écrit sur ce sujet dans le Scoutisme pour les Garçons, le livre qui a lancé le mouvement scout, et il l'avait appris dans l'armée britannique en Afrique du Sud, quand les soldats ont utilisé la parallaxe pour mesurer la distance qui les séparait d'un endroit en particulier (probablement une zone hostile). Ça a fonctionné pour eux et ça fonctionne aussi pour les astronomes, mais seulement pour les étoiles qui se trouvent à un maximum d'environ 100 années-lumière. Pour les distances plus grandes, la distance entre là où se trouve la Terre à un moment donné et là où elle se trouve six mois plus tard est trop petite. Et cela donne à réfléchir, car 100 années-lumière, ça ne nous permet même pas d'aller au-delà de notre propre galaxie.

Le prochain échelon de l'échelle de distance cosmique est l'ajustement de la séquence principale, qui repose sur notre compréhension de la façon dont les étoiles se transforment en vieillissant (oui, tout comme les humains). Mais pas toutes les étoiles, seulement les étoiles qu'on appelle les étoiles de la séquence principale, ce qui signifie des étoiles d'une taille particulière.

Une des transformations des étoiles de la séquence principale au fur et à mesure qu'elles vieillissent est qu'elles deviennent de plus en plus rouges. Il y a aussi une règle selon laquelle les étoiles d'une même masse et d'un même âge auraient, si elles étaient toutes à la même distance de nous, la même luminosité. S'il était un jour prouvé que cette règle est fausse, nous repartirions à zéro pour tout ce qui concerne les distances cosmiques. L'ajustement de la séquence principale consiste à mesurer le degré de rougeur d'une étoile de la séquence principale ainsi que sa luminosité, et à les comparer avec des étoiles plus proches dont sommes confiants que nous connaissons la distance grâce à la parallaxe.

L'utilisation de la parallaxe nécessite qu'il y ait suffisamment de lumière pour effectuer l'analyse. Elle n'est donc pas très utile quand la lumière d'une étoile, vue de la Terre, est très faible; or c'est le cas pour les étoiles qui sont à plusieurs millions d'années-lumière d'ici, et c'est là qu'on utilise le prochain échelon de l'échelle de distance cosmique, bien qu'il ne s'agisse en fait que d'une demi-étape, car il utilise toujours le principe de l'ajustement de la séquence principale.

Cet échelon utilise une classe d'étoiles appelée les étoiles variables Céphéides. La luminosité des Céphéides varie de façon régulière, « en pulsations ». Ce qui les rend précieuses pour calculer la distance est que la durée entre chaque pulsation varie en fonction de leur luminosité intrinsèque : une Céphéide plus lumineuse va pulser sur une période de temps plus longue qu'une qui est moins lumineuse. Il est assez facile de mesurer le temps nécessaire à la pulsation d'une Céphéide, et donc il est assez facile d'estimer sa luminosité intrinsèque. La comparaison de cette luminosité intrinsèque avec la luminosité que les observateurs perçoivent sur Terre permet d'utiliser l'ajustement de la séquence principale pour estimer sa distance à la Terre.

Et maintenant, peut-être le moment est-il venu d'avouer quelque chose qui serait de toute façon bientôt devenu évident : certaines de ces mesures que nous avons présentées avec une grande confiance ne sont en fait pas certaines à 100%. Un des grands astronomes du vingtième siècle, Edwin Hubble, a utilisé les étoiles variables Céphéides dans la galaxie d'Andromède et, en utilisant ces variables, a décidé qu'Andromeda se trouvait à un peu moins d'un million d'années-lumière de nous. Pas si loin que ça, à l'échelle cosmologique. Aujourd'hui, en utilisant à peu près les mêmes informations dont Hubble disposait, les astronomes pensent que la galaxie d'Andromède se trouve à environ 2½ millions d'années-lumière. 2,54 millions d'années-lumière, pour être exact, mais nous ne pouvons être exact, car ce chiffre a été obtenu en utilisant une série d'estimations actuelles de la distance entre Andromeda et nous, toutes élaborées par des astronomes qualifiés et réputés, et en en faisant la moyenne.

En plus des étoiles variables Céphéides, Hubble a utilisé les supernovas de type IA, qui sont des étoiles naines blanches en train d'exploser. Elles sont visibles dans les galaxies à des milliards d'années-lumière d'ici et, parce que nous sommes capables de calculer la luminosité des explosions, nous pouvons utiliser la même approche que celle utilisée avec les étoiles variables Céphéides pour calculer leur distance. Et s'il n'est pas encore devenu apparent que, quand nous disons « calculer » dans ce contexte, ce que nous voulons dire est « estimer » ou, pour être tout à fait franc, « faisons ce que nous pensons être une être une déduction logique plus ou moins précise », peut-être serait-il temps que cela semble être évident.

Quand il s'agit de parler de distances vraiment extrêmes, nous grimpons d'un échelon de plus sur l'échelle de distance cosmique et atteignons l'échelon nommé Redshift. Redshift est en fait l'effet Doppler, appliqué à la lumière provenant de sources très éloignées plutôt qu'au bruit d'une ambulance qui passe dans la rue d'à côté. Quand une ambulance s'approche de nous, le son de la sirène monte; quand elle nous dépasse et s'éloigne de vous, le son de la sirène commence à diminuer. Ce sont les ondes sonores. Les ondes lumineuses agissent de la même manière. Et la façon de détecter ce changement, dans le cas des ondes lumineuses, est de briser la lumière d'une étoile lointaine ou d'un autre corps céleste en un spectre lumineux, ce qui est facile à faire en la faisant passer à travers un prisme. Certaines parties du spectre contiendront des lignes sombres, où les couleurs qui auraient dû apparaître ont été absorbées par des éléments soit dans la source lumineuse, soit proche d'elle. Jusqu'ici tout va bien, mais ce qui est vraiment important, c'est que plus la source de lumière est éloignée de nous, plus les lignes sombres se seront déplacées vers le côté rouge du spectre. C'est le décalage vers le rouge (*redshift*). Et nous voilà de retour avec Maurice Chevalier, car ce qui contribue au décalage vers le rouge, ce n'est pas seulement le fait que la source de lumière soit très éloignée, mais qu'elle s'éloigne de plus en plus et de plus en plus vite.

Nous avons dit à plusieurs reprises dans ce livre que l'univers est en expansion depuis le Big Bang. C'est toujours le cas. Si nous ne savions pas d'ores et déjà que l'univers est en expansion, le décalage vers le rouge le rendrait évident. Chaque galaxie s'éloigne de toutes les autres galaxies. Et l'espace-temps est en train d'être étiré, ce qui signifie que les longueurs d'onde, bien qu'elles soient en fait inchangées, semblent être plus longues qu'elles ne le sont vraiment. Tout cela peut être utilisé pour en déduire une estimation de la taille de l'univers, car plus le décalage vers le rouge est grand, plus la source de cette lumière est éloignée.

À ce stade, il nous faut des roulements de tambour et des cymbales, car nous approchons de la fin de ce questionnement sur la taille de l'univers. La lumière avec le plus grand décalage vers le rouge que nous sommes capables de détecter indique que les galaxies à partir desquelles cette lumière nous est parvenue ont commencé leur voyage il y a 13,8 milliards d'années. Et cela pourrait nous inciter à penser que la distance la plus éloignée de l'univers d'où nous sommes est de 13,8 milliards d'années-lumière. Et puisque cette lumière se déplace dans toutes les directions, cela nous donnerait un diamètre de l'univers de 27,6 milliards d'années-lumière. Mais gardez les roulements de tambour et les cymbales de côté, car ce n'est pas tout à fait aussi simple que ça. Comme toutes les autres galaxies de l'univers, ces galaxies qui se trouvaient à 13,8 milliards d'années-lumière lorsque la lumière que nous voyons maintenant a commencé son voyage vers nous ont continué à s'éloigner de nous du fait de l'expansion de l'univers. Et, plus une galaxie est éloignée, plus elle s'éloigne rapidement. Les meilleurs calculs que sommes en mesure de faire à l'heure actuelle nous disent que, bien que l'univers observable est, comme nous venons de le dire d'un diamètre de 27,6 milliards d'années-lumière, et que la limite de l'univers observable soit de 13,8 milliards d'années-lumière dans toutes les directions ces galaxies dont provient la lumière ont continué de s'éloigner de nous à grande vitesse, et la distance entre elles et nous est désormais de l'ordre de 46,5 milliards d'années-lumière. Doublons ça et nous obtenons un diamètre de l'univers de 93 milliards d'années-lumière. Une grande partie, comme nous venons de le montrer, se situe en dehors de l'univers observable, et le diamètre ne fait qu'augmenter tous les jours.

Les réponses à nos questions sont donc:

- Le diamètre de la Voie lactée (notre Galaxie) est d'environ 150 millions d'années-lumière - à peu près
- Le diamètre de l'univers observable est d'environ 27,6 milliards d'années-lumière - à peu près
- Le diamètre de l'univers tout entier est d'environ 93 milliards d'années-lumière - à peu près, et il faut garder à l'esprit qu'il s'agrandit constamment.

Arrêtons-nous un instant et considérons l'ampleur stupéfiante de ce que nous venons de dire. L'aire d'un cercle est, comme chacun de nous l'a appris à l'école, pi fois le carré du rayon. Sauf que l'univers n'est pas plat, donc ce n'est pas une question de superficie. Nous ne savons pas vraiment quelle est la forme de l'univers, mais si nous supposons qu'il ressemble à une sphère, la formule utilisée pour calculer son volume est donc:

$$\textbf{Volume} = \mathbf{4/3\ \pi r^3}$$

Sans entrer dans plus de détails, cela signifie que l'univers observable ne représente en fait qu'à peu près 2,6% de l'univers tout entier. Voilà qui laisse songeur. L'Institut SETI a calculé qu'il y a, juste dans cette partie de l'Univers que nous pouvons voir, 150 milliards de galaxies autres que la nôtre, et un nombre incalculable d'étoiles avec des zones habitables et de planètes habitables dans ces zones. Et on pense que le fait que nous n'entendons ou ne voyons aucunes traces d'une civilisation avancée signifie que savons avec certitude qu'il n'en existe pas? Vous plaisantez!

Bien sûr, tous les échelons que nous venons d'énumérer sur l'échelle de distance cosmique sont connectés aux autres échelons. Ce qui veut donc dire que si l'un d'eux n'est pas correct ...

L'UNIVERS EST-IL FINI OU INFINI?

Comme tant d'autres choses qui ont à faire avec la cosmologie, la réponse à cette question est : nous pouvons émettre des suppositions éclairées, mais nous ne le savons pas vraiment. Une théorie populaire en ce moment est que l'univers est en cours d'expansion et continuera à s'étendre pour toujours. Un univers qui s'étend pour toujours est, par définition, un univers infini. Mais il existe une autre théorie selon laquelle l'univers atteindra une taille au-delà de laquelle il ne pourra plus s'étendre, et il commencera alors à se contracter. Peut-être même qu'il se contractera jusqu'à ce qu'il devienne un autre trou noir énorme, ayant pour conséquence un autre Big Bang. Selon cette théorie, il y a peut-être eu plus d'un Big Bang dans le passé, et le destin est peut-être que plusieurs Big Bangs continuent à se produire dans un avenir à la fois inconnu et inconnaissable.

Nous ne savons pas non plus quelle est la forme de l'univers. Dans la dernière section de ce chapitre, nous avons discuté du pourcentage de l'univers entier que nous sommes capables de voir, l'univers observable, et nous avons parlé de ce pourcentage en supposant que l'univers aurait la forme d'une sphère. Ce qui pourrait être le cas. Il pourrait aussi avoir la forme d'un beignet, bien que les scientifiques préfèrent le terme « tore ».

À ce stade, il est probablement utile de dire que les astronomes parlent souvent d'un univers « plat », et que plat dans ce sens ne signifie pas plat comme peut l'être un terrain de football. « Plat » est utilisé pour signifier que l'univers est conforme à la géométrie euclidienne : les lignes parallèles ne se rencontrent jamais, et si vous additionnez tous les angles d'un triangle, vous obtenez 180 degrés. Cette construction permet aux théories d'être énoncées de manière à être compréhensibles.

LE FOND DIFFUS COSMOLOGIQUE (COSMIC MICROWAVE BACKGROUND - CMB)

L'Agence Spatiale Européenne a envoyé un observatoire dans l'espace pour étudier l'univers à des longueurs d'onde correspondant à l'infrarouge, aux micro-ondes et à la radio haute fréquence. L'observatoire s'appelle le Planck et son objectif est d'étudier les radiations qui restent du Big Bang. Ces radiations ont a reçu le nom de fond diffus cosmologique. L'univers tel qu'il existait immédiatement après le Big Bang était un plasma chaud de particules, la plupart étaient des électrons, des neutrons et des protons, mais aussi des photons, qui transportent la lumière. Les photons et les électrons libres ont interagi, empêchant les photons d'aller très loin, de sorte que l'univers semblait brumeux, s'il y avait quelqu'un pour le contempler, ce qui n'était pas le cas, il aurait semblé bien opaque.

Au fur et à mesure que l'univers s'est dilaté, il s'est refroidi, car la chaleur venait de cette énergie, la quantité d'énergie était limitée et le fait que l'univers devenait de plus en plus grand signifie que l'énergie a été distribuée à plus grande échelle. Lorsque la température a chuté pour atteindre environ 2700 ^{o} Celsius, des atomes d'hydrogène se sont formés à partir de la combinaison de protons et d'électrons, ce qui signifie que les photons étaient désormais libres, « J'ai de la lumière, je me déplace ». Depuis, l'univers s'est considérablement élargi, les températures ont chuté dramatiquement, et la longueur d'onde des photons est devenue plus grande pour créer la lueur d'arrière-plan qu'observent désormais les radiotélescopes et les télescopes infrarouges. Il serait difficile de ne pas remarquer cette lueur, il y a environ 400 photons dans chaque centimètre cube d'espace.

Ce que ce fond diffus cosmologique nous permet de faire, c'est d'observer le matériau à partir duquel se sont formées toutes les galaxies d'aujourd'hui ainsi que leurs étoiles. Comme cela est arrivé tant de fois auparavant, le fond diffus cosmologique a été découvert par des individus qui étaient à la recherche de quelque chose d'autre; ils l'ont découvert en 1964 et ont reçu le prix Nobel de physique en 1978.

Planck est le plus sensible des instruments qui aient été utilisés pour explorer le CMB, et dans le futur il devrait nous fournir suffisamment de données pour prouver ou réfuter le modèle standard de la cosmologie.

LE MODÈLE STANDARD DE LA COSMOLOGIE

Ce que nous dit le modèle standard de la cosmologie, en gros, c'est que les propriétés de l'univers sont les mêmes partout dans l'univers auquel nous faisons référence, bien que les scientifiques préfèrent le décrire comme étant un univers à la fois homogène et isotrope. Aucune direction dans l'espace n'est privilégiée par rapport à une autre.

Aux premiers abords, cela ne colle pas très bien avec le fait que, où que nous regardions dans l'univers, nous apercevons des structures (étoiles, galaxies, etc.) non seulement différentes, mais peut-être même uniques, mais les partisans du modèle standard disent qu'il s'agit là d'une fausse analogie. Toutes ces structures différentes ont été causées par ce qui au début était de minuscules fluctuations et des différences intégrées dans l'univers quand il s'est élargi. Le modèle standard est bien étayé par les observations de nombreux processus différents, que nous sommes en mesure de voir et de vérifier, mais cet étayage n'existe que si nous acceptons l'existence de deux autres forces que nous ne sommes pas en mesure de voir et de vérifier : la matière noire et l'énergie noire. La matière noire et l'énergie noire sont des concepts développés par les cosmologistes pour expliquer ce qui autrement, ne pourrait être expliqué.

L'histoire de la science regorge d'exemples de théories qui ont été développées pour étayer ce qui pouvait être observé, des théories qui ont ensuite été prouvées comme étant correctes par des expérimentations. L'histoire de la science regorge également d'un certain nombre de théories qui ont été développées pour étayer ce qui pourrait être observé et qui, par la suite, ont été prouvées comme étant fausses. Une des responsabilités importantes de Planck est de produire les données qui confirmeront ou réfuteront l'idée que les fluctuations que nous observons dans l'univers sont le résultat de la matière noire et de l'énergie noire.

Malheureusement, même si Planck réussit à nous fournir la compréhension la plus détaillée qui existe de la CMB, il ne sera toujours pas certain que l'univers est soit fini ou infini. Ce qu'il fera peut-être, c'est de nous en apprendre plus sur la forme de l'univers et en particulier, s'il a bien une forme de beignet. La lumière voyageant à travers un tore (beignet) peut se déplacer sur les côtés ou se déplacer en ligne droite. En d'autres termes, la lumière dans un univers en forme de tore aurait deux façons d'atteindre le même point. Planck pourrait bien nous dire si c'est le cas ou non.

MATIÈRE NOIRE ET ÉNERGIE NOIRE

Ce n'est pas seulement sur la question de la distance que la plus grande partie de l'univers nous est cachée. Même en ce qui concerne cette petite partie de l'univers que nous sommes capables de voir, nous ne pouvons vraiment en observer qu'environ 5% de sa totalité. Ce que nous pouvons voir est connu sous le nom de matière baryonique. Les 95% restant de l'univers visible ne sont en fait pas visibles du tout, il s'agit à 25% de matière noire, qui est invisible, et 70% d'énergie noire, une force qui repousse la gravité, mais qui ne peut pas être ressentie. Ne peut pas être vu et ne peut pas être ressenti, en tout cas par nous.

Si on ne peut pas les voir et on ne peut pas les ressentir, comment pouvons-nous être sûrs qu'ils existent? La réponse est que bien que nous ne puissions pas voir la matière noire et que nous ne puissions pas ressentir l'énergie noire, nous pouvons observer leurs effets sur les galaxies et les amas de galaxies. Ils doivent exister, à cause des effets qu'ils ont. Si ce n'est pas le cas, nous devons accepter que la physique que nous utilisons pour comprendre l'univers soit erronée.

Par exemple, la majeure partie de la matière visible dans une galaxie se situe vers le centre de la galaxie, et selon les lois de la physique telles que nous les concevons, dans une galaxie spirale tournante, les étoiles situées aux extrémités de la galaxie devraient se déplacer beaucoup plus lentement que celles qui sont près du centre. Or ce n'est pas le cas. Les étoiles tournent à peu près à la même vitesse, peu importe où elles se trouvent dans la galaxie. Le seul moyen dont nous disposons actuellement pour comprendre ce phénomène est de supposer qu'il y a quelque chose qui entoure la galaxie en formant une sorte de halo et que ce quelque chose a une force de gravité à laquelle sont soumises les étoiles des extrémités de la galaxie. Ce quelque chose a reçu le nom de matière noire et sa force gravitationnelle a reçu le nom d'énergie noire.

D'autres phénomènes vont dans le sens de l'argument en faveur de l'existence de la matière noire et de l'énergie noire. Lorsque les galaxies sont photographiées, on aperçoit souvent sur les images des motifs de lumière étranges pour lesquels nous n'avons aucune explication évidente, à moins que nous acceptions qu'il s'agisse de la lumière provenant de galaxies plus lointaines et qu'elle est déformée en traversant les galaxies plus proches par quelque chose qu'on appelle les « lentilles gravitationnelles ». L'explication actuellement admise en ce qui concerne cette distorsion est que la lumière traverse d'énormes nuages de matière que nous ne pouvons pas voir. De la matière noire.

Il existe d'autres théories sur la matière noire, et certaines d'entre elles nécessiteraient des modifications importantes de notre théorie de la gravité. (Stephen Hawking était très impliqué dans cette théorisation). Selon ces théories, la gravité a un certain nombre de formes différentes, et la gravité à laquelle les galaxies sont soumises n'est pas la même que la gravité qui empêche les humains de s'élever de la surface de la Terre et de s'envoler dans l'espace. La même, d'ailleurs, qui a fait tomber une pomme sur Isaac Newton.

Bien qu'elle soit conforme avec les détails d'une théorie exposée par Einstein, l'énergie sombre n'est connue que depuis les années 1990. Jusqu'alors la théorie avait toujours été que la gravité ralentirait l'expansion de l'univers, mais les tentatives de mesurer ce ralentissement n'aboutirent pas. L'expansion s'accélère, elle ne diminue pas. Cela ne devrait pas arriver. Mais c'est pourtant le cas, et quand vous voyez que ce qui devrait se passer selon une théorie existante est le contraire de ce qui est en train de se passer, vous ne pouvez pas changer ce qui est en train de se passer, vous devez donc changer la théorie.

Et la théorie est maintenant que l'espace n'est pas aussi vide qu'il semble être, mais est rempli d'une force répulsive causée par les fluctuations quantiques dans l'espace, et qu'à mesure que l'univers s'étend, la force répulsive se renforce.

LE FAIT QUE NOUS NE POUVONS PAS LE VOIR NE SIGNIFIE PAS QUE CELA N'EXISTE PAS

Nous devons donc en conclure qu'il est tout à fait possible que d'autres civilisations avancées existent, mais qu'elles soient tout simplement si loin de nous, peu importe la façon dont nous choisissions de définir l'éloignement, que nous ne sommes pas capables de les voir. Et peut-être ne pourrons-nous jamais les voir. Des civilisations extra-terrestres dotées de technologies très avancées peuvent exister, mais peut-être sont-elles si éloignées qu'aucune vraie communication bidirectionnelle n'est possible. Nous pouvons pousser le raisonnement encore plus loin et dire que, lorsque deux civilisations sont séparées par plusieurs milliers d'années-lumière, il est possible que l'une ou les deux d'entre elles s'éteignent avant même qu'une forme de communication puisse être établie. Même si nous découvrons un jour qu'elles ont existé, il sera peut-être impossible de les contacter, soit parce qu'elles n'existent plus, soit parce qu'elles sont tout simplement trop loin de nous.

Il y a ici une équivalence assez séduisante entre notre civilisation et celles qui nous ont précédés sur Terre. Quiconque est déjà allé près des pyramides et a éprouvé cette sensation de mystère pourrait passer toute sa vie à décoder les symboles laissés derrière par les Égyptiens d'autrefois. Mais leur parler? Leur poser des questions? C'est quelque chose d'impossible étant donné qu'ils sont tous morts. Et l'analyse de l'ADN nous apprend que nous ne pouvons même pas communiquer avec leurs descendants, puisque les gens qui vivent en Égypte aujourd'hui ne sont pas des descendants des pharaons et de ceux qui furent gouvernés par les pharaons. Le génome nous apprend que les pharaons étaient originaires de quelque part en Europe. La population de l'Égypte actuelle est en grande partie Africaine.

Or, si nous ne sommes pas capables de communiquer avec une civilisation de notre propre planète simplement parce qu'elle nous précède de quelques milliers d'années, comment pouvons-nous entretenir l'espoir de pouvoir réellement entrer en contact avec des extra-terrestres des millions de fois plus éloignés de nous?

Ils pourraient bien exister quelque part. Mais nous ne pouvons pas les voir, et nous ne le pourrons jamais. L'univers est tout simplement trop vaste.

CHAPITRE 12

ISOLATIONNISME

A great Une grande partie de ce livre a abordé jusqu'ici la question « Où sont les civilisations avancées? » et a dit : « Ils ne semblent pas être à notre recherche, donc ils n'existent probablement pas. » Or c'est une approche très autocentrée. Pourquoi devraient-ils être en train de nous chercher? Peut-être nous considèrent-ils comme étant inintéressants. À moins qu'ils aient un penchant pour la domination universelle et qu'ils souhaitent asservir la race humaine, il est tout à fait possible qu'ils ne voient rien sur Terre qui les incite à prendre part. Les Terriens n'ont de plus grande fascination que pour eux-mêmes ou elles-mêmes, mais il serait peu judicieux de supposer que tous les extra-terrestres partagent cette fascination. Voir même qu'un seul d'entre eux la partage.

Il y a un jeu de société à la mode dans certains types de magazine dans lequel on demande aux gens avec qui ils aimeraient dîner. Les sondés qui sont honnêtes, en fonction de leur sexe et de leur orientation sexuelle, répondront avec des exemples comme

« Julia Roberts » et « George Clooney ». Pour la plupart des gens cependant, c'est une occasion pour eux d'exhiber leur vertu, et les invités aux dîners régulièrement cités incluent des personnes comme Shakespeare, le Bouddha, Leonard de Vinci et Dante. Supposons maintenant, et il y aura plus qu'un peu de supposition dans ce chapitre, qu'un magazine d'une civilisation de type III sur l'échelle de Kardashev joue au même jeu. Quel choc ce serait pour les humains sur Terre de se rendre compte que les habitants de cette civilisation sont capables de lister un millier de personnes vivant à l'autre bout de l'univers avec lesquelles ils aimeraient bien partager un repas, et pas une seule d'entre elles ne viendrait de la Terre! Nous ne valons même pas le coup en tant qu'invités à un dîner pour une civilisation avancée. Peut-être nous trouvent-ils trop agressifs. Trop sûrs de nous-mêmes. Ou tout simplement trop stupides et trop ignorants. Et par conséquent, ils s'isolent de notre présence. Ils savent que nous sommes ici, mais nous n'avons rien qui les intéresse, et ils savent que s'ils nous laissent entrer en contact avec eux, ils vont vite s'ennuyer. Or ils détestent s'ennuyer.

Cette hypothèse mentionnée dans le premier paragraphe, que si une autre civilisation n'est pas à notre recherche, c'est qu'elle n'existe probablement pas, repose sur l'idée que ce qu'une civilisation fera, une fois qu'elle aura atteint un certain niveau d'avancement, c'est de rechercher d'autres civilisations dans autres parties de l'espace. Mais nous sommes toujours là, en train de nous demander ce que des civilisations extra-terrestres feraient en fonction de ce que nous-mêmes faisons. Nous sommes à la recherche d'autres civilisations, par conséquent les autres civilisations doivent être en train de faire la même chose. Beaucoup de théories assez douteuses reposent sur l'idée qu'il y a une règle universelle selon laquelle les instincts humains sont reproduits à travers tout l'univers. Bien sûr, c'est peut-être le cas. Mais il est tout aussi probable que ce ne le soit pas. Pour revenir sur cette hypothèse-là - que ce qu'une civilisation avancée ferait automatiquement serait de se tourner vers l'extérieur et de partir à la recherche d'autres civilisations est peut-être l'antithèse exacte de la vérité. Peut-être que quand une civilisation atteint un certain niveau de développement, au lieu de se tourner vers l'extérieur, elle se tourne vers l'intérieur.

Vous voulez voir ce phénomène en pratique? Sans avoir à quitter cette planète? Imaginez-vous deux adolescents qui vivent dans un foyer suffisamment à l'aise financièrement qu'ils n'ont pas besoin de prendre d'emplois à temps partiel. Imaginez-les assis l'un à côté de l'autre, boissons gazeuses et croustilles de maïs à portée de main, tous deux si envoûtés par l'appareil électronique que chacun d'entre eux a dans sa main qu'ils sont à peine conscients qu'il y a quelqu'un à côté d'eux. Imaginez maintenant une famille qui entre dans un restaurant pour le repas du dimanche. Mère, père, grands-parents, enfants. Chaque enfant sort un téléphone intelligent de sa poche et commence à pianoter. Leurs parents comprennent à moitié leurs enfants, car ils étaient encore dans une période d'apprentissage quand les premiers appareils électroniques sont devenus disponibles. Les grands-parents, en revanche, sont perplexes. Comment est-il possible que des gens s'assoient à table avec d'autres et ne participent pas à la discussion? Comment quelqu'un peut-il être tellement absorbé dans un monde imaginaire contenu dans quelque chose d'à peine plus grand que la boîte dans laquelle la grand-mère garde ses fausses dents, et que cette personne ne veuille pas discuter avec les gens qui les entourent? Leur propre famille? Des gens du même sang?

Imaginez maintenant le même genre de scène, mais cette fois dans une civilisation d'un niveau supérieur sur l'échelle de Kardashev. Personne n'a plus besoin de travailler pour gagner sa vie, car toutes les activités fondamentales, toute la production, la livraison et la maintenance, toute l'agriculture, sont robotisées et automatisées. Qu'est-ce que cela laisse comme travail pour les extra-terrestres? Est-ce qu'ils restent à la maison et musardent? Ils s'allongent sur une chaise longue en sirotant du vin et en mangeant du raisin comme Hollywood aime dépeindre les Romains de l'ère de Néron? Quelqu'un pense-t-il vraiment que les Romains seraient parvenus à conquérir la majorité du monde connu et à intimider le reste du monde s'ils s'étaient vraiment comportés de cette façon? Bien sûr que non. Et il est peu probable que nos extra-terrestres imaginaires soient aussi indolents.

Revenez à ces jeunes qui sont sur leurs iPads et leurs téléphones intelligents et leurs ordinateurs portables et tous les appareils avec lesquels ils jouent. Imaginez-les avec un casque de réalité virtuelle sur la tête, en train de jouer à des jeux, en jouant à des scénarios et en imaginant simplement. S'y croyant vraiment, quel que soit l'endroit et l'époque en question. C'est tellement réel, cela semble tellement réel, que même aujourd'hui, quand il faut encore gagner sa vie, payer son loyer, acheter de la nourriture, cela peut être complètement absorbant. Il suffirait de déplacer quelqu'un sur un autre plan d'existence, sur un autre niveau, et lui faire croire que la fantaisie qu'il est en train de vivre est la vraie vie.

Dans les civilisations de Kardashev de type II ou III, est-il probable que les gens continueront à profiter de ce genre de divertissement avec un tel niveau de quasi-réalité? Bien sûr que non. Les sources de divertissement offertes aux gens seront alors infiniment plus riches et plus gratifiantes que tout ce que nous avons aujourd'hui. Nous continuons d'utiliser le mot « gens », car c'est la façon la plus simple d'en parler. Ce ne seront pas des gens dans le sens de la même façon que nous sommes des gens, mais en réalité nous ne savons pas ce qu'ils seront (voir le chapitre 1), et donc les appeler des gens, bien que le but ne soit pas d'anticiper de quelconques découvertes, est quelque chose qui est tout simplement plus pratique. Les gens dont nous parlons seront en mesure de revivre l'histoire, et pas seulement celle de leur propre planète, et tout ce qu'ils verront et ressentiront leur semblera totalement réel. Ils pourront découvrir certains des grands drames et des opéras appartenant à l'histoire culturelle de leur civilisation, non pas en étant assis sur un siège, mais en étant sur scène et en participant à la représentation. Imaginez-vous être Brutus et poignarder César. Ou être Juliette, à peine plus grande qu'un enfant à l'époque, éprouvant un tel sentiment, une telle intimité - de proximité et d'amour - que c'est quelque chose que la plupart des gens ne connaitront jamais dans leur vie. Et ne pas simplement regarder ce qui se passe, l'entendre, lire des articles à ce sujet, le faire. *L'être.*

Des gens qui ont tout cela à leur disposition vont-ils vraiment prendre le temps d'expliquer aux peuples de la Terre que ce n'est pas une bonne idée d'avoir toutes ces armes nucléaires en circulation? Non, cela nous semble également peu probable.

CYBERMEN

Allons plus loin. Nous venons de parler d'extra-terrestres qui s'imaginent vivre d'autres vies. Mais supposons qu'ils ne fassent pas que se l'imaginer? Supposons qu'ils aient réussi à transférer toutes leurs données dans un autre être? Peut-être un être robotique. Cyberman.

La conversation autour de l'échelle de Kardashev semble parfois être assez limitée. Tout tourne autour de l'énergie. Kardashev a défini le niveau même auquel une civilisation se situe sur son échelle en fonction de la quantité d'énergie utilisée et de comment elle l'a obtenue. En construisant des sphères de Dyson autour des étoiles, par exemple. Bien sûr, l'énergie est très importante. Elle l'est pour nous tous. Si nous ne pouvions pas appuyer sur un interrupteur et allumer la lumière, conserver notre nourriture fraîche et bonne plus longtemps, griller du pain sans avoir à s'asseoir devant un feu avec une tranche de pain sur une fourchette, prendre une douche ou se faire une tasse de café sans avoir à faire de feu en premier lieu, nous serions vite en train de pester. Mais ces choses-là, être capable de faire ces choses-là, ce n'est pas ce qui nous définit. N'est-ce pas? Assurément, ce qui nous définit, c'est ce qui se passe à l'intérieur de nos têtes.

Et c'est ainsi que nous réalisons qu'il y a une possibilité que ces êtres avancés ne soient tout simplement plus intéressés par leur environnement immédiat. Dans le cas des adolescents sur Terre dont nous avons parlé, ce manque d'intérêt est quelque chose qui passe avec le temps. Ils grandissent. Tombent amoureux, se marient et ont des enfants. Ils doivent travailler pour gagner leur vie afin de financer toutes ces choses-là. Pour beaucoup d'entre eux, la seule période de l'année où ils se sentiront vraiment en vie sera les vacances de deux semaines qu'ils passeront dans une station de vacances exotique et ensoleillée. Le reste du temps, ce sera une lutte quotidienne pour qu'ils soient en mesure de dormir au chaud, de vêtir et de nourrir leurs enfants, et de faire en sorte que ces mêmes enfants reçoivent une bonne éducation pour que le cycle puisse continuer dans le futur. Ils peuvent ne pas aimer le bâton de relai, mais ils savent bien qu'il leur faut le remettre à la génération suivante.

Dans le cas d'une civilisation Kardashev de niveau III, cependant, cette lutte est terminée. Tout est réglé d'avance. Ils auront des vêtements à porter et de la nourriture à manger, même s'ils passent leur journée entière à rêvasser et à, comme le disent les Britanniques, se tourner les pouces. Enfin, ils pourront se sentir pleinement en vie chaque jour de l'année, parce que chaque jour sera peut-être un jour de vacances dans une station balnéaire ensoleillée. Et ils n'auront pas besoin de grimper à bord d'un avion ou d'un navire de croisière pour y arriver.

UN SETI ACTIF, OU METI, ET LE PARADOXE DU SETI

Une grande partie de ce livre a porté jusqu'à présent sur le SETI, qui est la *recherche* de l'intelligence extra-terrestre, bien que nous ayons aussi parlé de *messages* en direction de l'intelligence extra-terrestre, ou METI (aussi connu sous le nom de SETI actif). La majeure partie du SETI actif sur la Terre se fait actuellement par le biais de signaux radio, bien qu'il existe d'autres moyens par lesquels les gens sur terre tentent d'attirer l'attention des civilisations extra-terrestres. Mettre un message sur l'arrière d'une sonde lancée dans l'espace interstellaire en est un. Un autre encore, qui a été à la mode de temps à autre, est similaire à ce que font certaines personnes quand elles enterrent des collections d'objets sous les bâtiments avant le début de leur construction. Quand il s'agit d'un bâtiment, la collection s'appelle généralement une capsule témoin et est destinée à montrer aux gens dans le futur - sans doute quand le bâtiment sera détruit, des années ou des siècles plus tard - à quoi ressemblait la vie à l'époque et à cet endroit. Elles peuvent inclure des photos de personnes pour illustrer les styles de vêtements, des voitures, peut-être de la musique, l'éventail des possibilités est énorme. Avec une capsule spatiale, les objets à envoyer dans l'espace sont moins choisis dans le but de montrer à nos descendants à quoi ressemblait la vie de notre temps et plus dans le but de montrer aux gens d'une civilisation totalement étrangère à quoi ressemble la vie sur Terre.

Est-ce vraiment une bonne idée? Il existe plusieurs points de vue contradictoires. Aleksandr Leonidovich Zaitsev est un astronome russe et un ingénieur radio qui a un point de vue plutôt optimiste, et qui décrit l'idée d'envoyer des messages aux civilisations étrangères comme un moyen de passer outre le Grand Silence de l'univers et de dire aux autres qu'ils ne sont pas seuls. Aleksandr Zaitsev est un nom russe commun et il est important d'utiliser Leonidovich pour préciser que nous ne parlons pas du champion de patinage sur glace, du joueur d'échecs ou d'un certain nombre d'autres Russes qui ont le même nom que lui. Il décrit le METI comme une action altruiste et globale qui contraste avec le caractère « local et lucratif » du SETI. Tout le monde ne partage pas cet avis.

Un des inconvénients possibles que présente l'idée d'inclure la photographie d'un être humain est que, et cela est vrai quel que soit le sexe de la personne, elle pourrait être reçue de la même manière que l'ont été des photos qui furent montrées aux soldats étrangers et aux marins de Port-Saïd, qui semblaient avoir pour message qui a peut-être été exprimé vocalement, « Tu veux rencontrer ma sœur? » « Rencontrer » peut être considéré comme un euphémisme. La question ici serait donc : comment réagir si un extra-terrestre atterrit dans son vaisseau spatial, nous montre la photo et nous explique qu'il accepte l'invitation?

Une possibilité plus sérieuse serait qu'une civilisation avancée qui ignorait jusqu'alors l'existence de la Terre, ou du moins le fait que des gens y vivaient, pourrait décider qu'il s'agit là d'une belle opportunité de colonisation si elle remarque le faible niveau de la Terre sur l'échelle de Kardashev. Il a même été suggéré que des extra-terrestres carnivores pourraient regarder les images d'Homo *Sapiens* de la même manière que les premiers hominidés ont regardées les animaux sauvages en liberté à leur époque et se sont dit : « De la nourriture! », la conséquence serait que la Terre deviendrait un grand enclos avec des humains en guise de bétail.

Le paradoxe du SETI décrit l'équilibre entre, d'une part, l'envie très répandue que des civilisations extra-terrestres avancées tentent de nous contacter et d'autre part, une réticence tout aussi répandue, bien que nullement partagée par tout le monde, à envoyer des messages à des civilisations extra-terrestres avancées au cas où cela se terminerait par des larmes.

L'HYPOTHÈSE DU ZOO

Cela nous amène à l'hypothèse du zoo, qui nous ramène au début de ce chapitre et à l'idée que ce seraient leurs normes éthiques qui empêchent les autres civilisations de nous contacter. On peut trouver un argument en faveur de cette idée dans la façon dont la recherche s'est développée ici sur Terre. Jusqu'à très récemment, les étudiants des universités de l'Ouest développé ne voyaient aucun problème éthique dans l'idée de mener des études anthropologiques dans n'importe quel pays, aussi peu avancé soit-il en matière de développement. Aujourd'hui, aucun étudiant chercheur ne serait autorisé où que ce soit ou presque dans le monde développé à réaliser une étude, quelle qu'elle soit sans obtenir au préalable le feu vert de la part du Comité d'éthique de l'université et sans avoir démontré que les intérêts des sujets de la recherche sont entièrement protégés. Cela, en substance, est au cœur de la principale, mais pas l'unique, interprétation de l'hypothèse du zoo.

L'hypothèse dit que les civilisations extra-terrestres plus développées que la nôtre évitent de communiquer avec la Terre pour permettre à la civilisation d'évoluer normalement sans aucune contamination extérieure. Peut-être ont-ils pour normes ou ont-ils établi un certain nombre de paliers technologiques et/ou de développement politique et éthique que les habitants de la Terre doivent atteindre avant d'entrer en contact avec une autre civilisation. En d'autres termes, ils se retiennent d'entrer en contact avec nous pour notre bien. Il existe cependant d'autres possibilités.

La première est que la contamination qu'ils craignent n'est pas celle qui irait d'eux à nous, mais de nous à eux. Depuis ses débuts, l'histoire de la Terre a été tribale. Les hommes et les femmes d'une tribu ont vu les hommes et les femmes des autres tribus comme étant des extra-terrestres et, pour eux, « alien » signifiait « mérite d'être tué ». Au fur et à mesure que les tribus se sont regroupées pour former des nations, la même chose s'est produite à une plus grande échelle. Et le développement technologique n'a pas amélioré les choses, contrairement à ce qu'on aurait pu penser; à la place, les tribus les plus fortes ont été capables d'asservir et d'anéantir les plus faibles à une échelle jamais vue auparavant. On peut comprendre qu'une civilisation extra-terrestre qui est portée sur la paix décide que les planètes guerrières et belliqueuses comme la Terre devraient être isolées, un peu comme les États-Unis ont essayé de rester isolés par rapport à ce qui se passait en Europe pendant les premiers jours des Première et Seconde Guerres mondiales. Nous y reviendrons plus tard dans ce chapitre.

Une autre possibilité repose sur l'hypothèse qu'il existe de nombreuses cultures étrangères et qu'elles respectent l'évolution indépendante des civilisations soit pour leur propre bien-être, soit parce qu'elles considèrent la diversité des types de civilisation comme étant une valeur durable. Dans un tel cas, une civilisation avancée qui partagerait ses technologies et ses idées avec une civilisation arriérée, car la Terre semblerait bien arriérée pour le genre de civilisation dont nous parlons, réduirait le potentiel à long terme de la diversité dans l'univers et donc, à plus long terme, réduirait la somme totale de l'intelligence dans l'univers.

Et une troisième possibilité est celle par laquelle nous avons commencé ce chapitre : les êtres d'une civilisation de niveau II ou de niveau III ont tout simplement progressé si loin qu'ils sont totalement refermés sur eux-mêmes et plus intéressés par ce qui se passe dans la réalité virtuelle dans laquelle ils vivent que par tout ce que les terriens pourraient bien avoir à leur dire. Si tel est le cas, nous ferions mieux de supposer qu'ils se seront assurés avant de s'échapper dans leur monde imaginaire que les IA des robots chargés de s'occuper de la vie de tous les jours aient également été chargées de s'occuper des invasions d'autres civilisations avancées, qui elles ne seraient pas d'accord avec l'idée que la réalité virtuelle est mieux que la vraie vie, et chercheraient donc à les coloniser.

L'HYPOTHÈSE DU ZOO NÉCESSITE UNE FÉDÉRATION

Il est plus facile de croire aux possibilités que nous venons de décrire si nous croyons aussi que les civilisations extra-terrestres avancées sont réunies dans une sorte de fédération, et acceptent les décrets d'un seul comité, voire même d'un seul dirigeant. La raison pour laquelle cela est si important est que, s'il existe effectivement un certain nombre de civilisations avancées quelque part, et qu'il n'existe pas d'autorité unificatrice pour que chacune d'entre elles respecte la même politique, il suffirait alors qu'une seule de ces civilisations ait un point de vue différent pour mettre fin à cette capacité à isoler la Terre.

Et puis une autre question se pose aussi : que se passe-t-il si nous les forçons à nous prêter attention? Que des civilisations plus avancées ignorent la Terre tandis que la Terre ne sait rien à leur sujet et est incapable d'établir un contact avec eux est une chose. C'est tout à fait différent si nous y atterrissons dans un engin spatial, ou, pire encore, si nous envoyons du matériel pour creuser et commençons à extraire leurs minéraux. Est-ce vraiment quelque chose qu'ils ignoreraient? Le ferions-nous?

TESTER L'HYPOTHÈSE DU ZOO

Les chercheurs formulent des hypothèses afin de pouvoir les tester. Tester l'hypothèse du zoo est difficile pour plusieurs raisons, l'une d'entre elles étant : si nous ne sommes pas isolés par d'autres civilisations parce qu'aucune autre civilisation n'existe, aucune façon de tester cette hypothèse (l'inexistence d'autres civilisations) avec certitude n'a encore été inventée. Néanmoins, la réussite est plus susceptible d'être le résultat de tests organisés et structurés que de réponses à des transmissions aléatoires.

Commençons par les transmissions radio, puisque c'est l'idée la plus fréquemment suggérée. Le problème le plus évident est simple à comprendre. Imaginez que vous êtes un francophone monolingue et que s'installe à côté de chez vous un homme qui ne parle que l'arabe. Vous vous trouvez dans le jardin en train de ramasser des feuilles et le voisin s'arrête et s'adresse à vous. Vous comprenez qu'il essaie de vous faire parvenir une sorte de message, même si c'est simplement « Salut », parce que vous pouvez entendre sa voix et que vous voyez ses lèvres bouger. Mais quel *est* le message? Que dit-il? Vous ne le savez pas, parce que vous ne comprenez pas les protocoles qui sont utilisés pour construire ce message. Dans le cas en question, les protocoles sont la langue utilisée. Ce serait à peu près la même chose si nous transmettions dans l'espace un message radio disant, en français, « Bonjour. Ici la Terre. » Si ce message venait à être capté par les récepteurs radio d'une galaxie lointaine, celui à qui appartiendrait le récepteur comprendrait qu'il a reçu un genre de signal. Il est possible que la façon dont le signal a été structuré leur ait fait comprendre qu'il s'agissait d'un message. Mais, à moins qu'ils parlent français, ce qui semble peu probable, comment seraient-ils capables de comprendre ce qui a été dit?

Le terme utilisé pour décrire ce genre de message radio est IRM (Message Radio Interstellaire - *Interstellar Radio Message*). Si nous en recevions un, le détecter serait une chose et en extraire son message en serait une autre. La même chose est vraie pour toute civilisation éloignée recevant un IRM de notre part. Extraire le message est difficile, car nous ne connaissons rien sur le langage (le protocole) qui a été utilisé pour transmettre ce message.

On doit donc en déduire que, si nous voulons envoyer un message dans l'espace et espérer qu'une civilisation dans une autre galaxie puisse non seulement le recevoir, ce qui là aussi n'est pas gagné, mais aussi comprendre ce qu'il dit, nous devons trouver un moyen de structurer le message de telle sorte que celui qui le reçoit soit capable de le décoder. Le message aurait donc besoin d'avoir deux composants : d'abord, un « composant d'interpellation » qui dirait clairement, « Ceci est un message provenant d'un être doué de conscience » et deuxièmement, le contenu du message doit être codé d'une manière qui rendra de sa compréhension au moins possible. Il faut que ce soit le message le moins sécurisé qu'il soit capable de concevoir.

Michael W. Busch de l'UCLA et de l'Institut SETI a créé un langage binaire qui pourrait être utilisé comme composant d'interpellation. Il a été utilisé dans le projet Lone Signal qui avait été établi pour essayer de communiquer via message radio et qui, et ce sans faute de Michael W. Busch, a été abandonné peu de temps après qu'il ait commencé, car qu'il n'a pas réussi à recueillir suffisamment de fonds lors de sa campagne de financement participatif. Mais étant donné la distance qu'un tel message devra parcourir avant d'être reçu, comprendre sa raison d'être pourrait s'avérer plus difficile que nous ne l'imaginons. Tous les signaux radio ont une amplitude mince, c'est comme ça qu'ils fonctionnent, mais la modulation que subirait un signal radio envoyé sur des distances intergalactiques le transformerait tellement qu'il pourrait devenir entièrement méconnaissable. Il se produit une certaine dégradation, même légère, des signaux qu'on reçoit de la part des engins spatiaux qui s'approchent du bord de notre propre système solaire. Un signal envoyé sur une distance de plusieurs galaxies serait bien plus dégradé;

au point qu'il pourrait être indiscernable du bruit cosmique quand il atteindra les confins les plus lointains de l'univers.

Les théoriciens suggèrent que les messages composés d'idéogrammes pourraient préserver leur structure d'origine, et ce sur de plus longues distances que les messages composés avec du texte, ce qui résoudrait deux problèmes : le problème de la dégradation dont nous venons de parler et le problème du langage. Cependant, il faudrait toujours concevoir un idéogramme capable de représenter quelque chose qui serait susceptible d'être interprété correctement et compris par une civilisation extra-terrestre. Regardez combien de temps il nous a fallu pour interpréter les idéogrammes de l'Égypte ancienne. Et ils appartenaient à la même espèce que la nôtre!

QUELS SONT LES RISQUES?

METI est la transmission de messages dans l'espace dans l'espoir qu'ils soient reçus et décodés par des civilisations avancées.
Nous avons déjà posé cette question, mais elle est suffisamment importante pour être posée à nouveau : est-ce bien sage? Certains disent que ça l'est et d'autres disent que ça ne l'est pas. Aleksandr Leonidovitch Zaitsev, le même dont nous avons parlé plus tôt, n'a aucun doute sur cette question. Selon lui, ne pas essayer d'entrer en contact avec d'autres civilisations serait plus risqué que de ne pas le faire. Tout le monde ne partage pas cet avis, et Stephen Hawking était

l'un d'entre eux. Nous pourrions nous exposer au risque de colonisation. Pire : nous pourrions nous exposer à la possibilité d'un anéantissement de la race humaine.

Supposons que les habitants d'une autre planète où la civilisation y est beaucoup plus avancée que la nôtre regardent la Terre et se disent: « Ça a l'air d'être un endroit agréable à vivre. Allons le découvrir. » S'ils décidaient de le faire, nous permettraient-ils, nous qui vivons sur cette planète, de continuer à y vivre comme nous le faisons actuellement sans être dérangés, colonisés ou exterminés? Peut-être. Il pourrait s'avérer être intéressant, cependant, de poser cette même question au peuple caraïbe des Caraïbes. Sauf qu'en vérité, aussi intéressant que cela soit, ce serait impossible parce que le peuple caraïbe a été exterminé. Bien, dans ce cas : demandez aux peuples autochtones des États-Unis et du Canada. Ont-ils survécu à la colonisation sans que rien de mal ne leur arrive? Survécu sans que leur culture d'origine soit mise de côté? Survécu sans être obligés de s'adapter aux coutumes des colons qui étaient plus forts qu'eux, avaient de meilleures armes, et puisaient de la force dans leur certitude que la volonté de leur Dieu était de gouverner les peuples colonisés? Survécus sans avoir été massés dans des réserves, avoir été chassés de leurs territoires de chasse et sans avoir été témoins de la mort d'un grand nombre de leurs proches? Vous connaissez déjà les réponses à toutes ces questions.

Tout cela suppose que les extra-terrestres nous voudraient du mal et auraient une nature guerrière. Il se peut qu'ils soient tout le contraire de cela. Nous l'ignorons.

Un grand nombre d'astronomes, de philosophes, de politiciens et de gens ordinaires se sont réunis à plusieurs reprises pour se mettre d'accord sur un certain nombre de mesures que le peuple de la Terre devrait prendre pour décider si on doit envoyer des messages à des civilisations avancées qui pourraient s'avérer hostiles. Il est rassurant de savoir que ces conversations ont lieu, mais aucune d'entre elles n'a empêché l'envoi de messages. Ces conversations sont un peu comme la Convention de Genève et les traités sur le commerce mondial : respectés lorsque les respecter est conforme aux intérêts d'un groupe, et ignorés quand ce n'est pas le cas.

D'autres, comme l'universitaire João Pedro de Magalhães de Liverpool, ne prennent pas position sur la question de savoir si la transmission de messages à des civilisations avancées dans d'autres galaxies est dangereuse ou non; à leur avis, le danger ne sera ni plus ni moins grand qu'il ne l'est déjà si une civilisation extra-terrestre avancée est à la fois au courant de notre existence et capable d'atteindre notre système solaire. Soit elles voudront nous faire du mal, soit elles ne le feront pas; quoi qu'il en soit, il n'y a pas grand-chose que nous puissions faire à ce sujet.

EST-CE MÊME POSSIBLE?

Certains ont évoqué l'idée de balises formidablement puissantes pour effectuer des transmissions interstellaires, et certains astronomes ont tempéré la discussion autour d'une telle idée en rappelant que l'énergie requise serait immense, que c'est l'accès à l'énergie et son utilisation qui détermine où se situe une civilisation sur l'échelle de Kardashev, et que nous ne devrions pas oublier que nous n'a n'avons pas encore atteint le niveau I de l'échelle de Kardashev. Pour résumer, nous ne serions pas en mesure de concrétiser une idée pareille.

Mais cela n'est valable que pour un type spécifique de balise. L'électronique grand public auquel nous avons accès aujourd'hui est capable de produire des émetteurs qui peuvent envoyer un signal à des étoiles qui ne sont pas excessivement éloignées, et les progrès que réalise l'électronique grand public sont extraordinairement rapides. Il est également vrai qu'une fois que nous saurons où se trouve la civilisation avec laquelle nous voulons communiquer, le signal pourrait alors être très directionnel et nécessiter beaucoup moins d'énergie.

DANS TOUS LES CAS, L'ISOLATION EST-ELLE POSSIBLE?

Il se peut que toute cette discussion soit complètement inutile. L'isolement dont nous parlons va dans les deux sens : nous avons évoqué la possibilité que des civilisations extra-terrestres avancées aient placé la Terre en quarantaine et aient une politique isolationniste à notre égard, et nous avons également évoqué la possibilité qu'il soit plus sage d'avoir nous-mêmes une politique isolationniste, afin de ne pas attirer des visiteurs qui ne se soucieraient pas forcément de nos intérêts et dont il serait impossible de se débarrasser.

Mais avons-nous vraiment le choix? L'isolement est-il possible? Peut-il être efficace?

Il est difficile d'être optimiste aux vues des exemples que l'on peut tirer de notre expérience ici sur Terre. L'Amérique a poursuivi une politique isolationniste au commencement de la Première et de la Seconde Guerre mondiale. L'Amérique a fini par combattre dans ces deux guerres et y a perdu un grand nombre de ses citoyens, sans parler de la transformation radicale de sa composition politique que cela a entraînée. L'Irlande a adopté une politique de neutralité pendant la Seconde Guerre mondiale, mais nombre d'Allemands rôdaient en Irlande en quête de stratagèmes pour utiliser le pays comme une plate-forme pour envahir la Grande-Bretagne, et nombre de Britanniques chassaient ces Allemands. La Suisse, l'Espagne et le Portugal ont tous eu une politique isolationniste pendant cette guerre, et tous ont réussi à éviter d'être mêlés à un conflit, mais le prix à payer fût élevé, et ne pas s'être impliqué dans la guerre n'a pas permis d'éviter la présence de combattants ennemis sur leur sol.

D'autre part, on ne peut rester isolé que si les autres le permettent. Lorsque l'Amérique a été attaquée par le Japon, elle a été arrachée de son isolement par la force.

Alors quelle conclusion devrions-nous en tirer? Probablement celle-ci : qu'il est bien peu utile de parler d'isolement à l'heure actuelle, mais que si une prise de contact avec des extra-terrestres devient une réalité, c'est-à-dire si nous entrons en communication avec une civilisation extra-terrestre avancée, le débat sera relancé avec force. Il y aura un camp isolationniste qui insistera sur le fait qu'eux seuls ont raison et que quiconque n'est pas d'accord avec eux est un idiot. Il y aura un camp de la main tendue qui insistera que seule sa façon de penser est la bonne, et que quiconque n'est pas d'accord avec eux est un idiot.

Comme d'habitude avec les affaires politiques sur Terre, en fait.

CHAPITRE 13

PERCER DE L'AUTRE CÔTÉ

Certains des travaux d'ingénierie les plus étonnants dans le monde à l'heure actuelle ne sont pas les bâtiments qui sont construits dans le golfe Persique, à Londres et à New York, aussi impressionnants que soient certains des immeubles de Dubaï et du Qatar. Les avancées les plus étonnantes dans les domaines de l'ingénierie, de la technologie et de la science sont aussi les plus prometteuses pour notre avenir, et se produisent à l'échelle atomique et moléculaire et non au niveau des gratte-ciels. Il s'agit de la nanotechnologie et de la nano-ingénierie. La modification des matériaux à l'échelle de l'atome et de la molécule modifie également les propriétés du matériau. Le béton issu de la nano-ingénierie permet de fabriquer des bâtiments beaucoup plus durables, moins susceptibles de se fissurer, sur lesquels il est plus facile de travailler et qui sont moins gourmands en eau. Or le béton fait partie des matériaux qui sont en train de bénéficier d'avancées moins spectaculaires que d'autres.

Quand nous commençons à nous demander quelle est la taille minimale des choses, et l'impact que cela peut avoir de travailler avec d'aussi petites tailles, on se pose vite la question: quelle est la plus petite chose qui existe? Et, autant que nous le sachions, la réponse à cette question est : l'horizon des évènements qui se trouve au centre d'un trou noir.

Nous avons déjà parlé des trous noirs dans ce livre, et nous allons en reparler parce qu'il se pourrait que dans les trous noirs se trouve la clef de note avenir.

On peut aisément éprouver un frisson à la lecture de cette affirmation. Nous avons tous lu des livres de science-fiction et vu des films de science-fiction dans lesquels le trou noir est la plus redoutable des choses qui existent dans l'univers. Dans les années 1930 et 1940, les bandes dessinées pour garçons contenaient beaucoup d'histoires de plongeurs qui, par inadvertance, touchaient du pied une immense créature ressemblant à un coquillage qui refermait soudainement ses mâchoires et tenait le plongeur dans sa gueule. Les trous noirs ont retenu l'imagination des générations suivantes avec une terreur comparable - rapprochez-vous trop près d'un trou noir avec votre vaisseau spatial et vous serez aspirés à l'intérieur, et personne n'entendra plus jamais parler de vous parce que ce tout ce qui pénètre dans un trou noir n'en ressort jamais.

Une des raisons pour laquelle les trous noirs sont capables de susciter une telle terreur est parce que nous ne savons pas grand-chose à leur sujet. Nous pensons posséder de solides connaissances sur le sujet, mais le fait est que ce n'est pas le cas. Or il est toujours plus facile d'avoir peur de ce que nous ne connaissons pas que de ce qui nous est familier. Une des raisons pour lesquelles nous en savons moins que nous le pensons sur le sujet est que deux des théories les plus chères aux physiciens - la théorie générale de la relativité et la théorie de la mécanique quantique - ne peuvent pas (tout à fait) être réconciliées. Certains aspects de l'une ou l'autre des théories - ou des deux - doivent être modifiés. Lorsque Stephen Hawking est décédé, il travaillait sur une théorie générale de la gravité. D'autres physiciens en font encore de même, et il est possible que lorsque cette théorie émerge, elle puisse non seulement nous permettre de discerner les divergences entre la relativité générale et la mécanique quantique et aussi comment les concilier, mais elle nous permettra également de comprendre ce qu'est vraiment un trou noir.

Une chose dont nous pouvons cependant être certains est que les trous noirs contiennent des quantités d'énergie incroyables (pour nous). Assez d'énergie pour satisfaire la somme des besoins énergétiques de tous les êtres humains sur Terre pendant des milliards de milliards d'années. Longtemps après que le soleil soit mort et que sa lumière se soit éteinte, la Terre pourrait encore être alimentée par l'énergie provenant d'un trou noir en rotation. Et c'est bien là l'idée. Les étoiles meurent. Les sphères de Dyson dont nous avons parlé jusqu'à présent sont construites autour des étoiles. Mais ne serait-il pas plus logique de les construire autour de trous noirs? Les trous noirs possèdent beaucoup plus d'énergie que n'importe quelle étoile et, s'il s'avère que leur vie n'est pas infinie, alors nous n'en savons pas plus sur le sujet si ce n'est qu'il est tout à fait possible que cela soit l'origine du Big Bang : qu'un univers précédent se soit effondré dans un trou noir presque infiniment dense, qui a ensuite explosé pour créer le nouvel univers dans lequel nous vivons actuellement. Si nos descendants tirent toute leur énergie d'un trou noir, et si l'univers tout entier s'effondre en un seul trou noir, nos descendants n'auront plus besoin d'énergie, parce qu'ils auront été absorbés par le trou noir avec tout le reste. Et ils seront donc morts, dans l'attente du moment où tout éclatera à nouveau dans une fournaise indescriptible et avec une vitesse inimaginable. Jusqu'à ce que ce moment arrive, tous les besoins énergétiques seront satisfaits grâce au trou noir.

Voilà une idée charmante, mais comment diable pouvons-nous mettre la main sur toute cette énergie?

Et la réponse à cette question est avec quasi-certitude que nous, dans notre forme actuelle, n'en serons pas capables. Nous ne pouvons pas survivre assez longtemps pour construire une sphère de

Dyson autour d'un trou noir. Mais les robots que (voir chapitre 9) nos descendants seront devenus, dans lesquels ils se seront transformés, ou dans lesquels ils se seront hissés en seront capables.

Ce n'est pas tout!

Même si nous ne savons pas ce qu'est un trou noir, pour être plus précis, nous ne le savons pas vraiment, nous savons qu'il existe plusieurs possibilités et questions emballantes. Un trou noir pourrait être la porte d'entrée d'un autre univers. Ou d'une dimension que la plupart des humains ne peuvent même pas imaginer, et encore moins visualiser. Et une raison pour laquelle nous ne parvenons pas à découvrir des civilisations extra-terrestres avancées pourrait être qu'elles ont traversé cette porte pour atterrir dans une autre dimension. Une dimension où nos descendants pourraient, dans un futur lointain, très lointain, les rejoindre. Sauf (voir le chapitre 12) si ces civilisations savent tout de nous et ont sagement fermé la porte derrière eux pour s'assurer que de tels sauvages ne puissent jamais les rejoindre.

L'HYPOTHÈSE DE LA TRANSCENDANCE

Nous passons beaucoup de temps à parler de l'espace, alors que nous devrions peut-être nous intéresser davantage à l'espace intérieur. L'hypothèse de la transcendance suggère que l'évolution des civilisations à mesure qu'elles grimpent l'échelle de Kardashev les conduit dans un domaine où tout devient progressivement plus petit et plus efficace. Tout, dans ce contexte, ne comprend pas seulement la matière, mais aussi l'énergie, le temps et l'espace. Et l'aboutissement de cet itinéraire de développement est ce qui serait l'équivalent d'un trou noir.

Un des arguments de vente de cette hypothèse est qu'elle explique pourquoi nous n'avons pas encore aperçu d'autres civilisations intelligentes. Ou entendu, d'ailleurs.

Quel attrait aurait un trou noir pour des intelligences avancées? Il ne s'agit pas une idée aussi stupide qu'elle puisse paraître. On peut considérer un trou noir comme étant l'environnement de calcul et d'apprentissage le plus parfait qui soit. Comme nous l'avons déjà vu, c'est une source d'énergie infinie. En raison des phénomènes étranges qui se produisent dans toutes les dimensions, y compris la question du passage du temps dans un trou noir, il se peut bien que le voyage dans le temps soit possible - bien que certains disent qu'un tel voyage ne pourrait se faire que dans une seule direction, le futur. La perspective la plus excitante de toutes est peut-être le potentiel de réplication des univers (se reporter au Big Bang).

Nous pouvons désormais suggérer une des raisons d'ordre éthique qui pourraient justifier l'existence d'une interdiction pour des civilisations plus avancées de communiquer avec la Terre, comme évoquée dans le Chapitre 12. Car que pensons-nous qu'il se passera à l'intérieur de ce trou noir, dans lequel nous pénètrerons, si jamais nous atteignons un niveau de développement suffisant pour le faire? Une possibilité serait que les civilisations fusionnent. Une autre serait que cela donne suite à une sélection naturelle, et nous savons déjà à quel point il s'agit là d'un stimulus puissant pour l'évolution. Nous avons suggéré au chapitre 12 que l'interdiction de contacter la Terre - l'isolement dans lequel la Terre pourrait être maintenue, pourrait être liée à une volonté de maintenir la plus grande diversité possible au sein des civilisations. Voici donc l'argument en faveur de cette hypothèse. Si le résultat final était une fusion et une sélection naturelle, il est donc évident qu'il existe un besoin intrinsèque de ne pas permettre à n'importe quelle civilisation d'être diluée par un élément venu de l'extérieur.

NE POURRONS-NOUS JAMAIS SAVOIR?

Probablement pas, ou en tout cas pas avant que nous devenions suffisamment développés pour rejoindre les autres civilisations avancées à l'intérieur du trou noir. Cela dit... Peut-être bien.

Les trous noirs supermassifs sont entourés de ce qu'on appelle des disques d'accrétion. Vous ne pouvez pas voir un trou noir; vous *pouvez* cependant voir les disques d'accrétion. Le trou noir génère tellement de gravité qu'il accélère la rotation des particules constituant le disque, et donc celui du disque lui-même, jusqu'à atteindre des vitesses assez incroyables et libérer ainsi de la chaleur, en plus de rayons X et de rayons gamma.

Qu'est-ce qui constitue par conséquent un disque d'accrétion? Comment se forme-t-il? Les disques d'accrétion sont constitués de gaz, de poussière et d'autres matériaux qui se sont rapprochés du trou noir, mais pas assez près pour y tomber à l'intérieur. Il prend la forme d'une bande aplatie de matériaux tournant autour de l'horizon du trou noir. C'est quelque chose que nous savons avec certitude. Mais est-ce vraiment le cas? En réalité, il s'agit là uniquement d'une théorie que nous avons à l'heure actuelle, or l'histoire de l'étude de l'univers, qui remonte à la nuit des temps, est celle de l'abandon continu des théories qui semblaient être satisfaisantes à un moment donné, mais qui ne le sont plus. Peut-être que ce n'est pas un disque d'accrétion. Parce qu'une chose que nous savons sur les disques d'accrétion, c'est qu'ils sont incroyablement efficaces quand il s'agit de récolter de l'énergie.

Or, comme nous le disions auparavant, n'est-ce pas là ce que ces civilisations avancées vont avoir besoin de faire dans le cheminement qui les conduit vers la transcendance?

Nous ne savons pas avec certitude que les disques d'accrétion n'ont pas été construits par des civilisations beaucoup plus avancées que les nôtres afin de récolter l'énergie qui les a propulsés sur l'échelle de Kardashev et vers leur destination finale dans un trou noir. Peut-être n'est-ce pas le cas. Il est très probable que ce ne soit pas le cas. Mais c'est une possibilité. Il se peut que ces disques d'accrétion soient en fait l'implémentation pratique d'une sphère de Dyson, ainsi que la seule trace d'une civilisation extra-terrestre avancée que nous serons en mesure de voir jusqu'à ce que nous atteignions nous-mêmes un niveau de développement similaire.

Nous - c'est-à-dire vous et moi - ne le saurons jamais, car il faudra attendre des millions d'années avant que la vérité n'apparaisse pour les habitants de la Terre, et vous et moi serons devenus de la poussière bien avant cela.

Mais quelqu'un qui est né sur cette planète le saura. Et, si vous avez parcouru avec nous tout le chemin commencé au chapitre 1, vous savez alors que ce quelqu'un ne nous ressemblera pas du tout. Mais il ou elle sera pourtant bien « nous ». Quelle que soit la forme que nous aurons adoptée.

Lors de la prochaine nuit où le ciel sera dégagé, dénichez l'endroit le moins pollué possible et tournez votre regard vers l'espace et la Voie lactée. N'est-ce pas quelque chose d'incroyable? Ne nous sentons-nous pas tous petits face à un tel spectacle? Et pourtant, simultanément, immensément puissants? Il a fallu longtemps à l'humanité pour atteindre l'étape somme toute assez primitive où nous nous trouvons présentement. Il nous faudra encore plus de temps pour atteindre notre destination. Mais ayez confiance. Parce que c'est là que nous allons.

FIN

ÉPILOGUE

Écrire un livre est plus qu'un processus de création. Il faut faire des recherches sur le sujet et s'assurer qu'il n'y a pas déjà un million d'autres œuvres disponibles sur le Web qui pourraient rendre plus difficile la vente de sa création. Le défi est de trouver le lecteur qui pourrait s'intéresser à son œuvre plutôt qu'aller ailleurs. Une fois la recherche effectuée, une réflexion est en cours. Quel est le public cible? Qu'est-ce qui l'intéresse ?

J'ai toujours été curieux à savoir si les OVNIs (Objets volant non identifiés) existent vraiment. J'ai communiqué à quelques reprises avec Nick Pope, ancien membre du Ministère britannique de la Défense et expert en la matière. Nick Pope dirigeait le projet OVNI du gouvernement britannique et est le principal expert mondial sur les ovnis, les théories inexpliquées et de conspiration. Ses œuvres littéraires m'ont inspiré sur le sujet de la vie extraterrestre. Je voulais connaître toutes les raisons possibles pour lesquelles nous n'aurions peut-être pas encore trouvé de vie extraterrestre, et je voulais l'expliquer à vous le lecteur. Nick Pope a un site Web où vous pouvez tout apprendre sur lui et ses livres.

En faisant des recherches sur le sujet, mon collègue Mark Rodger et moi avons contacté plusieurs personnes de la communauté des croyants, des non-croyants, des anciens théoriciens extraterrestres et des scientifiques qui ont tous le même sentiment d'émerveillement quant à l'existence d'une vie extraterrestre. L'opinion de chacun est diversifiée sur le sujet, allant des personnes qui croyaient carrément à l'existence d'une vie extraterrestre parmi nous, à d'autres qui pensent simplement que nous sommes la seule forme de vie intelligente dans l'univers entier. Mais tous veulent savoir et croire.

À un moment donné, la vie a fait en sorte que ce projet d'écriture a été mis en veilleuse. Mark et moi travaillons à temps plein comme plusieurs d'entre nous et l'écriture demande beaucoup d'énergie et de créativité. L'écriture ne paye pas encore nos factures.

Récemment, Mark s'est fracturé la jambe droite à trois endroits. Ma conjointe et moi sommes allés le visiter à Winnipeg pour l'encourager dans sa convalescence. Je n'étais pas retourné à Winnipeg depuis une dizaine d'années et j'ai été impressionné par l'évolution de la ville. D'un commun accord, nous avons décidé de la date butoir du 18 septembre 2018 pour le lancement de la version française de notre livre. La date n'a rien de particulier, tout simplement une période que nous croyons favorable au lancement. Les vacances presque terminées, le mois de septembre est propice à la lecture pour plusieurs, sans oublier que ce mois semble être meilleur pour la vente de livres.

Comme mentionné plus haut, Mark habite Winnipeg (Manitoba, Canada) et moi Montréal (Québec, Canada). Mon épouse et moi avons un cercle d'amis et de famille dont la langue maternelle est le français. Après avoir publié notre premier livre ***"History's Greatest Deceptions and Confidence Scams"*** en anglais seulement, je me suis fait posé la question : à quand la version française de notre livre? Le Canada étant un pays bilingue, il allait de soi que nous devrions offrir à nos lecteurs francophones la possibilité de se procurer notre livre en version française. C'est ainsi que notre œuvre sera disponible dans les deux langues officielles du Canada.

Traduire un livre et le faire avec un budget restreint n'est pas chose facile. Je dois dire que je peux lire un livre de langue française, mais pour l'écriture, je n'ai pas la compétence voulue, et il en va de même pour mon collègue. Nous avons donc demandé à Marco Lambert et Daniel Lefaivre de venir à notre rescousse. Chacun a accepté de prendre une partie du livre et de corriger les deux premières traductions que nous avions produites. Il va sans dire que leur aide a été des plus précieuses. Nous souhaitons à leur exprimer nos sincères remerciements.

Notre énergie et nos efforts de plus d'un an et demi ont été consacrés à ce travail. Nous avons interviewé de nombreuses personnes, toutes plus intéressantes les unes que les autres, avons développé une belle amitié avec certains d'entre eux et avons également tissé des liens avec des collaborateurs. Aux personnes concernées, nous vous remercions de votre soutien et de votre aide.

Enfin, si vous avez apprécié ce travail, faites-le-nous savoir. Nous sommes sur Facebook et avons un site Web. Mark et moi sommes toujours à la recherche de bêta-lecteurs (bêta-correcteurs). Inscrivez-vous sur notre site et nous serons heureux de vous inclure dans notre club ARC. Nous apprécierions vos commentaires, tant positifs que négatifs, que vous pouvez écrire sur le site d'Amazon et de Goodreads. Si vous n'aimez pas quelque chose dans ce livre, tendez la main, nous pouvons en parler et le corriger. Mais au contraire, si vous aimez, dites-le-nous, ce sera une marque de récompense.

Merci à toutes et tous de votre encouragement. Nous avons encore d'autres ouvrages à venir. Suivez-nous sur notre site et notre page Facebook.

À Propos des Auteurs

À propos des auteurs

Deux amis de longue date, Mark Rodger et Steven Lazaroff ont étudié, fait des recherches et ont eu plusieurs débats sur le paradoxe de Fermi, de l'existence possible de la vie extraterrestre et du programme de l'institut SETI.

Des amateurs Ufologue, historiens et explorateurs, ils ont appliqué leurs compétences de recherche et leur passion pour tenter d'expliquer, en termes simples, la question qui mène a l'humanité et d'essayer d'expliquer pourquoi l'humanité n'a peut-être pas encore été en contact avec la vie extraterrestre.

Steven Lazaroff est de Montréal, au Québec.
Mark Rodger est de Winnipeg, au Manitoba.

Les deux sont des Canadiens sans excuses.

Made in the USA
Monee, IL
04 November 2026

67376419R00174